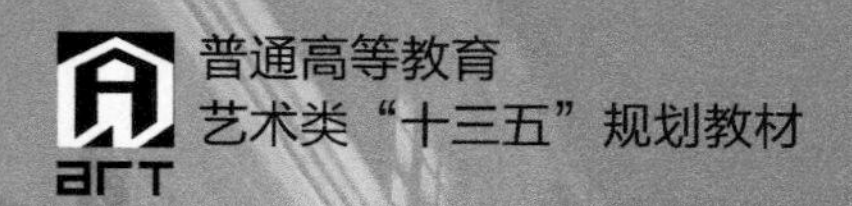

普通高等教育
艺术类"十三五"规划教材

城市公共环境设计

+ 主云龙 编著 +

DESIGN OF URBAN PUBLIC ENVIRONMENTAL FACILITIES

人民邮电出版社
北京

图书在版编目（CIP）数据

城市公共环境设计 / 主云龙编著. -- 北京 : 人民邮电出版社，2018.8
普通高等教育艺术类“十三五”规划教材
ISBN 978-7-115-48342-3

Ⅰ. ①城… Ⅱ. ①主… Ⅲ. ①城市环境－环境设计－高等学校－教材 Ⅳ. ①TU-856

中国版本图书馆CIP数据核字(2018)第082888号

◆ 编　　著　主云龙
责任编辑　刘　博
责任印制　沈　蓉　彭志环

◆ 人民邮电出版社出版发行　　北京市丰台区成寿寺路 11 号
邮编　100164　　电子邮件　315@ptpress.com.cn
网址　https://www.ptpress.com.cn
北京盛通印刷股份有限公司印刷

◆ 开本：787×1092　1/16
印张：8.75　　　　2018 年 8 月第 1 版
字数：215 千字　　　　2024 年 12 月北京第 4 次印刷

定价：49.80 元

读者服务热线：(010)81055256　印装质量热线：(010)81055316
反盗版热线：(010)81055315

前言

建造城市是人类最伟大的成就之一。城市的形式无论过去还是将来都始终是文明状况的标志。城市是有生命的，城市同所有其他的生物体一样，在自身的整个运动中，贯穿了物质、能量和信息的变化、协调与统一，形成城市社会有组织、有秩序的活动。

自古以来，人类不断地对城市空间环境进行创造，使其适合自身的生活方式和行为需求。公共环境设施伴随着城市的发展而形成，伴随着人们生活的理想而发展，并成为人类文化的物化形态，在整个社会结构和设计范畴中占有重要的位置。然而，长期以来，公共环境设施设计在我国缺乏应有的重视，在设计领域也常常被忽视，因而其发展和研究速度缓慢。随着我国改革开放及大规模城市的开发，人们对城市建设的关注及对公共环境的参与热情，使公共环境设施日益凸显出重要性，成为一座城市的公共文化精神的重要组成部分。公共环境设施是公共环境中一些具有美感的、有一定实用功能及满足人类生理和心理诉求的人为构造物，是与人们的生活密切相关的一种室内外辅助设施，也是促进人与自然直接对话的道具，起着协调人与城市环境关系的作用。

本书从工业设计的角度来研究城市公共环境设计。书中全面介绍公共环境设施设计理论和设计方法，避免说教式的传统模式。全书图文并茂，系统完整，资料性强，在内容上既有对新知识和新专业的理论研究，又注重对实用性的案例进行深入分析；既有专业深度又易于理解。

全书共分为8章，包括城市公共环境的概念、公共环境设施的形成与发展、公共环境设施的类型、公共环境设施的设计要素、城市公共环境设施的人性化设计、城市公共环境设施的自然生态性、公共环境设施与城市的人文性、公共环境设施与城市的地域性。其中第七章公共环境设施与城市的人文性由天津天狮学院主峰老师编写。第五章城市公共环境设施的人性化设计由天津美术学院杨旸老师编写。第八章节公共环境设施与城市的地域性由天津美术学院于广琛老师编写。在此书编写中杨旸老师、主峰老师为此书查找资料、收集图片、并进行版式设计等工作，特此感谢。

本教材为天津美术学院“十三五”教材建设项目。

本书力图启迪读者的设计思维，开发创造性，让读者认识并熟悉公共环境设施的构成要素及其相互关系，深入理解形式美的规律，对城市公共环境设施设计的学习具有很好的指导作用。

编者

2018年3月

目录 Contents

第六章　城市公共环境设施的自然生态性....91

第七章　公共环境设施与城市的人文性.....100

第一章
城市公共环境的概念

第一节 城市环境的含义

城市是具有一定人口规模并以非农业人口为主的居民集居地，是聚落的一种特殊形态。随着社会的不断发展，城市渐渐变为现代社会生活的重心，成为所在地区经济、文化、政治、人口活动的中心（图 1-1 与图 1-2）。

图 1-1 北京鸟瞰图

图 1-2 伦敦鸟瞰图

城市环境既是一种客观存在的空间形式，又是一种主观创造的景观，有广义和狭义两种定义：广义是指自然环境、社会环境、经济环境和生态环境的统一体；狭义则指自然环境和社会环境综合作用下的人工环境。城市环境的主要特点如下。

1.组成复杂

与自然生态环境相比，城市生态环境结构复杂得多，包括社会结构、人工结构、资源结构、环境结构4个方面。城市环境以人为主体，非生物因素起主导作用，人工设施叠加在自然环境的大背景上，自然因素的支配作用已大为减弱，需要依靠人工的力量进行能量流动和物质循环，是一个流量大、容量大、密度高、运转快的巨大开放系统。

2.生态脆弱

由于城市中消费者的数量远多于生产者的数量，城市生态的完整性较差、依赖性很强，属于寄生系统。城市生态组合成分单调，生存空间狭窄，自动调节和自净力比较弱，处于极为脆弱的状态。

3.资源性与价值性

城市的各种装修污染检测资源都是构成城市环境的要素，因而环境及其各种要素对城市本身来说也是一种不同于经济资源的自然资源，这就决定了城市环境的资源性。另外，在城市与环境这一关系中，环境能够提供满足居民的生存、发展和享受所需要的物质性产品和舒适性服务，城市环境对居民的生活及生产具有价值。

4.密集性

由于城市本身受向心吸引力和离心辐射力的影响，城市环境表现出密集性的特点：人口高度密集，物质生产高度密集，建筑物高度密集，交通高度密集，资源消耗高度密集，废弃物高度密集。

第二节　城市公共空间的特点

公共空间也称开放空间，关于它的概念和范围，国内外的说法不尽相同。

查宾指出："开放空间是城市发展中最有价值的待开发空间，它一方面可为未来城市的再成长做准备，另一方面也可为城市居民提供户外游憩场所，具有防灾和景观上的功能。"林奇也曾描述过开放空间的概念："只要是任何人可以在其间自由活动的空间就是开放空间。开放空间可分为两类：一类是属于城市外缘的自然土地，另一类则属于城市内的户外区域，这些空间由大部分城市居民选择来从事个人或团体的活动。"亚历山大则认为："任何使人感到舒适、具有自然依靠并可以看到更广阔空间的地方，均可以被称为开放空间。"我国的一些学者认为："开放空间就是指城市的公共空间，包括自然风景、公共绿地、广场、街道和休憩空间等。"

综上所述，城市公共空间（Urban Public Space）是指由城市中的建筑物、构筑物、树木、室外分隔墙等垂直界面与地面、水面等水平界面围合，由环境小品、使用者、使用元素等组合而成的城市公共空间。它们是从大自然中分隔出来的较小并具有一定限度性的为人们的城市生活使用的空间，主要包括城市的街道、广场、公园与绿地等。它亦指城市内各建筑物之间的所有公众可以任意到达的外部环境空间形式的总合，这种空间关系依照不同的规模和层次联系在一起。从早期都市狭窄的街道、集市的码头到后来的社区花园、广场、公园、步行购物中心，以至今天的城市开放空间系统

（Open Space），都属于城市公共空间的范畴，如古罗马集会广场、巴黎塞纳河两岸（Seine River）、纽约中央公园（Central Park）、上海外滩。

人们提出公共空间的概念，是为了更清楚地将城市设计的关键要素区别于其他要素。公共空间设计的成败直接影响城市的品质的高低和秩序的好坏。

一、城市公共空间的功能

公共空间（即规划区为公众开放的空间）按所有权可分为政府所有和开发商所有。

政府所有部分包括公园、广场、绿地、区内的步行道系统用地和其他公众可使用的设施（如公交车站、公共停车场等）；开发商所有的部分包括建筑退后红线及底层墙面退后红线外的部分及建筑室内的公众通道或空间。

城市公共开放空间是城市的舞台，是城市的客厅，是供城市呼吸的肺。它为城市带来了活力与色彩，为城市生活提供了多样化的可能性，让人们逃离了都市的喧嚣。随着我国精神文明与物质文明建设的显著提高，城市公共空间（城市广场、公园、街道、居住区等）已不仅成为一个城市的象征，而且成为市民休闲纳凉、沟通交往、散步闲谈、修身养性的场所。近代的公共开放空间的功能已变得多样化起来，集聚会、休闲、锻炼、娱乐等于一体。公共开放空间的形式也不再受功能和目的的制约，变得更加民主和开放，形式日趋多样化，广场、商业街、街边绿地等都是城市公共开放空间的典型例子。

城市公共空间不仅是人类与自然进行物质、能量和信息交流的重要场所，也是城市形象的重要表现。因此，城市公共空间的景观也体现了现代人的价值观、审美观和趣味。

二、城市公共空间的组成元素

1.城市公共空间的边缘——建筑

建筑设计及其相关空间环境的形成，不但在于成就自身的完整性，而且在于其能否对所在地段产生积极的环境影响。在建筑设计中人们应该关注建筑能否与周边的环境或街景共同形成整体环境特色。如图 1-3 与图 1-4 所示，贵州镇远县的建筑均为仿古风格，与镇远古镇所要体现的古朴气质相协调。

图 1-3　贵州镇远县仿古建筑群

图 1-4　贵州镇远县火车站

现代建筑设计强调室内外空间的互相渗透，所以空间的限定方法有很多。但不论怎样限定，都属于建筑空间构成的范畴。

欧洲各国习惯于以街道和广场作为一定的交往和生活空间，我国则采用比较内向的“合院式”（图 1-5）。社会的发展、文化的交流缩短了东西方的差距，街道和广场在城市中的作用日益显著，这就需要更新街道观念，在其单一的交通功能之外注入新的意义。

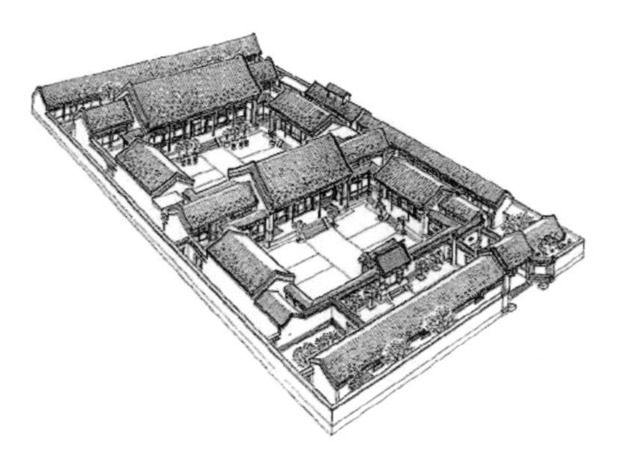

图 1-5 北京四合院鸟瞰图

2.城市公共空间的连续——街道

连续是指起连接功能的公共区段。街道和道路是基本的城市线形公共空间。它们既承担交通运输任务，同时又为城市居民提供公共活动场所。城市街道空间是城市公共空间的重要组成部分，是城市最公有化的空间之一。进行街道空间设计时，设计者要从街道的重要角度（特别是从人经常停留的角度）及人流运动过程中的视线去精心组织街景构图，应通过道路把场所的建筑、广场、绿地、水面等组织起来，形成整体空间面貌，使主要街道更具有宏伟的气派、小街更充满亲切温暖的气氛。可以说，街道是城市中最富有特色、最吸引人的空间环境。如何将城市街道空间处理得更加精巧、细致，如何使街道空间更具整体性、连续性和节奏感，是设计者追求的目标。

3.城市公共空间的焦点——广场

广场作为城市公共空间的焦点，是一种能帮助人们辨识方向和距离感的场所（它也可能是广场上的标志）。广场作为城市景观实质的城市公共空间，包括所有在城市生活中与人们交往及观赏感受最密切的地方，以及功能上适合公共活动、社交活动、集合等的开放性场所。现代城市广场不仅是市政广场，商业广场已成为城市的主要广场；较大的建筑庭院、建筑之间的开阔地等也具有广场的性质。城市广场作为开放空间，其作用进一步贴近人的生活。如重庆沙坪坝三峡广场，既是所在地区重要的商业中心，又是人们休闲娱乐的好去处。

今天，人们提及“城市广场”，浮现于眼前的往往是大型城市公共中心广场（以正方形为主）的形象。目前全国城市广场建设的重点也主要集中在这类广场，因为它们对改善城市环境、提高生活质量有着立竿见影的效果。

4.城市公共空间的“肺”——绿地系统

绿化本身的内涵是丰富的，既可以是陪衬，起烘托主题的作用，又可以成为空间的主体，控制整个空间。作为软质景观，绿化是城市公共空间的柔化剂。现代高层建筑比比皆是，街道越发显得狭窄，而绿化的屏障作用减弱了高层建筑给人的压迫感，并且适当地掩蔽了建筑与地面、建筑与建筑之间不容易处理好的部位。从远处看，建筑处于绿色怀抱之中，建筑下方被虚化，越发显得宏伟，而且树的自然柔和的曲线与建筑理性刚硬的直线形成对比，因而使建筑更具阳刚之美。

面积较小、设计简洁的小花园、小绿地给人们提供了休息和娱乐的小空间，在现代城市中起着重要的作用。这些小绿化与城市大面积的绿化形成有机网络，构成了城市这个有机体的重要器官——城市之肺（图 1-6）。

图 1-6 城市绿化

三、城市公共空间的形象

城市公共空间形象是指城市公共空间的客观形象经过主体的感知而形成的主观意象，是主体与城市公共空间的相互作用形成的产物。凯文·林奇在《城市的意象》中概括出的路径、边界、区域、节点、标志五要素是城市公共空间评价的物质基础，为城市公共空间基本形态的分类提供了依据。

1.路径

观察者习惯或可能顺其移动的路线，如街道、小巷、运输线。其他要素常常围绕路径布置。

2.边界

边界指不作为道路或非路的线性要素。“边”常由两面的分界线（如河岸、铁路、围墙）所构成。

3.区域

中等或较大的地段。这是一种二维的面状空间要素，人对其意识有一种进入“内部”的体验。

4.节点

城市中的战略要点，如道路交叉口、方向变换处，抑或城市结构的转折点、广场，也可大至城市中一个区域的中心和缩影。它使人有进入和离开的感觉。

5.标志

城市中的点状要素，可大可小，是人们体验外部空间的参照物，但不能进入。标志通常是明确而肯定的具体对象，如山丘、高大的建筑、特色建筑物等。

第三节　点、线、面、体的形式构成

城市是一个多功能、多层次的复合系统，其物质形态具有多样性。城市公共空间集中反映了城市生活和市民的文化品位，只有利用现有条件拓展城市公共空间潜力，规划出合理的秩序空间，才能更好地服务于人们的生活。

城市公共空间是由各种城市要素构成的，形成了城市中的“点”“线”“面”“体”。“点”是构成中最基本的元素，具有醒目性，在视觉艺术信息的传达中总是先取得心理的表象。“点”的体积有大有小，形状多样，排列成线，放射成面，堆积成体。在城市公共空间中，“点”表现为空间的连接处或转向处，这往往是节点所在。在节点设置视觉焦点建筑物或小型景观空间，能起到丰富城市公共空间的作用。建筑物、标志物、雕塑也成为构成城市风格的视觉要素，带来生机与情趣。“线”的语言是非常丰富的，从构成方法上看，有垂直构成、交叉构成、框架构成、曲线构成、乱线构成、回旋构成、扭旋构成等，表现力很强。“线”在城市公共空间中表现为道路。城市中的道路可以看成一条视觉走廊，有着断续的街廓界面。街廓界面不仅包括沿街的建筑立面、绿化树木、广告招牌、街道设施，还有路面的铺地等，它们在起到景观作用的同时还能给人以认同感和指认感，并能体现城市文化的内涵。“面”的形态元素，在几何学中是线的移动的形态，也是由块体切割后形成的。“面”给人的感觉很薄，但可以在平面的基础上形成半立体浮雕感的空间层次。“面”在城市公共空间中主要体现为广场。广场的地域性强，有一致性的围界面，有明确的界定领域，有活动、交流所需的设施。广场环境设计从广义上讲应是一种气氛的渲染，它是要通过规划设计、建筑设计、绿化设计或小品设计等多途径共同实现的。“体”是“面”按照一定的轨迹移动、叠加，由长度、宽度和深度共同构成的三维空间。“体”在城市公共空间中主要作为建筑存在，是具有体块化的空间占有物，成为人们生活中必不可少的居住、工作和活动的空间体（图 1-7 与图 1-8）。

图 1-7 城市公共空间布局

图 1-8 北京空间布局

第二章 公共环境设施的形成与发展

城市是人类文明的标志。一座具有活力的城市是历史轨迹的美好延续，而公共环境艺术正是这种延续的升华。公共环境艺术担负着城市对未来的愿景，对过去的缅怀。城市的形象和内涵通过城市的文化与景观公共环境设施来体现，正如国际著名设计师及理论家沙里宁所说的那样："让我看看你的城市，我就能说出这个城市居民在文化上追求的是什么"，"城市是一本打开的书，从中可以看到它的目标与抱负。"

中国古代的环境艺术提倡"顺应自然""天人合一"，现代环境艺术贯穿在城市化进程的始终，正如环境艺术理论家多伯（Richard P. Dober）所说："环境艺术（Enviromental Art）是一种实效的艺术，早已被传统所瞩目的艺术。环境艺术实践与人们影响周围环境的能力、赋予环境视觉次序的能力、提高人类居住环境质量的能力和装饰水平的能力是紧密联系在一起的。"他指明公共环境艺术存在于传统与现代社会中，以人的需求为出发点，注重人与环境的融合。

宜人的城市环境根本上来自其功能的合理性和空间的有效组织，来自对城市良好人文环境的营造，既不能单单靠种植树木、摆上雕塑、设置座椅实现，也不能仅仅用建筑密度、容积率、绿化率等指标加以衡量。作为与人文环境息息相关的、在城市公共环境中起重要作用的公共环境设施，城市环境忠实反映着一个都市的经济及文化水准，也体现着一个城市、一个社区的文明程度。城市公共环境设施与大众的日常生活关系密切，被人们形象地称为"城市家具"。作为城市空间的要素之一，公共环境设施是城市形象构筑中不可缺少的一部分，在实现其自身功能的基础上，与建筑共同反映着城市的特色与风采。现代城市公共环境设施设计应是人与自然、人与文化的和谐统一，体现着现代人的价值观、审美观和趣味。现代城市公共环境设施在很大程度上是人们公共生活的舞台，是城市人文精神的综合反映，是一个城市历史文化延续变迁的载体和见证，是一种重要的文化资源，是构成区域文化的灵魂要素。未来的城市公共环境设施设计应更关注和谐生态的设计理念，以便与环境更加协调。例如，图 2-1 所示的爱晚亭依山高建，与山间的景物十分协调，给山上的人们提供了休息场所；图 2-2 所示的是贝聿铭设计的卢浮宫入口，是体现现代艺术风格的佳作。

图 2-1　爱晚亭

图 2-2　卢浮宫入口

第一节　公共环境设施的概念

社会的发展、人口的集聚促进城市化格局的形成。人需要交流，需要沟通，这是城市公共空间形成的基础。随着城市建设逐渐步入理性阶段，人们不再以追求单纯的物质层面的完善为唯一目标，而更多地把注意力转移到城市文化环境上，公共环境艺术将成为城市形象建设的决定性因素之一。环境质量的提高，特别是生活环境向更加适用、更加美观方面改善的同时，设计、建设公共环境设施已经被提到日程上来。公共环境设施作为人类文化资产，在整个社会结构和环境设计范畴内已经占有一定的位置。当然，无论发达国家还是发展中国家和地区，公共环境设施的设计、建设必须伴随着城市的建设同步进行，满足人们生活的公共环境设施设计也就日益呈现出自身的重要性。围绕公共空间历史成因的探讨，回顾公共艺术发展的文化脉络，透析公共艺术与公众、自然环境、文化背景的关系，已经受到社会的普遍关注。

一、概念

1.公共环境设施的概念

“公共环境设施”这种称呼出现于公共艺术萌芽年代的欧洲，其英文为 Street Furniture，意为“街道的家具”。同样的意思在德文中被称为“街道设施”，在法文中被称为“都市家具”，有时也被称为“都市组件”。其余类似的词汇有“园林装置”“城市装置”“城市元素”等。目前，各国学者对城市公共环境设施含义界定差别很大。克莱尔（Rob Krier）认为：“城市公共环境设施就是指城市内开放的用于室外活动的、人们可以感知的设施，它具有几何特征和美学质量，包括公共的、半公共的供内部使用的设施。”我国的一些学者认为城市公共环境设施包括公共绿地、广场、道路和休憩空间的设施等。还有的学者认为：城市公共环境设施是指向大众敞开的、为多数民众服务的设施，不仅指公园绿地这些自然景观，城市的街道、广场、庭院等都在公共环境设施的范围内。一般公认的公共环境设施的定义是“为了提供公众某种服务或某项功能，装置在都市公共空间里的私人或公共物件、设备的统称”，如图 2-3~图2-6 所示。

图 2-3　温哥华乔治 • 韦恩本公园的绿地

图 2-4　温哥华乔治 • 韦恩本公园的休憩空间

图 2-5　巴黎街头的路灯

图 2-6 埃菲尔铁塔周边景观

2.公共环境设施设计的概念

公共空间是指具有开放、公开特性的、由公众自由参与和认同的公共性空间。公共空间建设是城市人文景观建设和城市环境空间改观的主要内容，公共空间艺术则是公共空间中的艺术创作和与之相应的环境设计，同时也是公共空间建设的核心与灵魂。公共环境设施设计是伴随着城市的发展而产生的，融产品设计与环境设计于一体，是工业设计的一部分，犹如城市的家具。公共环境设施设计是城市不可缺少的构成元素，是城市的细部设计，它的主要目的是完善城市的使用功能，满足公共环境中人们的生活需求，方便人们的行为，提高人们的生活质量与工作效率。都市中的公共环境设施是实用性公共空间艺术的重要组成部分，也是整个都市景观的重要组成。除了自身的实用功能外，公共环境设施还具有装饰性与意象性。因此，公共环境设施的创意和视觉形象是体现一个城市的文化品位、城市形象的重要内容。

3.城市公共环境设施系统的概念

城市公共环境设施系统是指供城市里的人们在生存空间中进行社会活动的非生产性设施系统。从广义上讲，城市中除了生产性设施系统外，其他均为公共环境设施系统。城市的现代化程度越高，城市的公共环境设施就越健全。从专业上看，城市公共环境设施系统可分为行政公共环境设施系统、交通公共环境设施系统、文化体育公共环境设施系统、医疗卫生公共环境设施系统和人权公共环境设施系统等。从狭义上看，城市公共环境设施系统一般泛指道路（区域）指示、公共座椅、公共厕所、街头绿地、垃圾箱、宣传栏、候车亭、路灯、广场、雕塑、栏杆和无障碍设施等。可以将这些城市公共环境设施系统归纳为城市景观公共环境设施系统，这个系统几乎涵盖室外造型艺术的一切。景观设计越来越受到欢迎和重视，是社会经济发展的必然结果，是人们日益重视环境品质的直接体现。可以断言，在未来城市建设中，运用景观设计的手段来改善城市的文化及生态环境是必然的趋势。

二、城市公共环境设施的功能

功能与形式二者互相矛盾，互为统一。功能包含作为社会及人使用产品的需要，形式是这种需要的具体体现，即造型、色彩是将社会及人的需要物化的结果和表达，二者一致才有存在价值。在空间环境中，现代公共环境设施设计应以人为服务对象，为人的生理、心理需要服务，为大众社会环境的改善服务。下面从物质功能与精神功能两方面分析公共环境设施在环境中所起的作用。

1.公共环境设施的物质功能

（1）休息功能

利用公共环境设施可以创造出优美的、轻松的空间气氛，为居民提供良好的休息与交往场所，使之真正成为一种亲切的生活空间。

（2）安全功能

一方面是利用一些公共环境设施和通过对场地细部构造的处理，避免发生安全事故，另一方面是用场地设施吸引更多的行人活动，增加空间中的“眼睛”，起到减少犯罪活动的作用。

（3）便利功能

用水器、废物箱、公厕、邮筒、电话间、行李寄存处、自行车存放处、儿童游戏场、活动场、露天餐座设施等都为居民提供了方便的公共服务，因此公共环境设施是城市社会福利事业中一个不可缺少的部分。

（4）遮蔽功能

亭、廊、篷、架、公共汽车站等在空间中对人们起遮风挡雨、避免烈日暴晒的遮蔽作用。

（5）界定功能

可强化那些可能在本空间内发生的活动，界定出公共的、专用的或私有的领域。如路灯、台阶等标识的空间的范围、走向，使空间趋于完整和统一。

2.公共环境设施的精神功能

公共环境设施在造景上可起到点缀、陪衬、换景、修景等作用，使空间环境更富有生趣，更舒适、优美，更具有意境，增加了空间的可识性与地域性；同时，兼有装饰和传播意义。城市形象和其空间的形成，不仅靠建筑群体、单体构成，而且受环境细部构造装饰和公共环境设施的影响。公共环境设施作为一种独特的空间符号，传递着浓郁的城市形象特征信息。

第二节　公共环境设施的形成

作为人们日常生活所需要的环境设施，很早就已经出现。上古时祭天的公共场所可以定义为最早出现的公共环境设施，而古希腊罗马时期的城市排水系统、古奥林匹克竞技场、古剧场等都属于当时的公共环境设施。考古学家曾在庞贝城（公元前 400 年—公元 79 年）遗址发现了古罗马时期的城堡，共有 7 座城门，西南角为中心广场，设有公众演讲台、祭祀堂、妓院、公共浴池等。城堡园林用墙包围，园内建置藤萝架、凉亭，沿墙设坐凳等（图 2-7）。以水渠、草地、花坛、花池、雕塑为主体而对称的布置格局，形成了以环境设施为主体的深邃幽雅的景观环境。17 世纪，受意大利风格影响的法国在以凡尔赛宫（图 2-8）为中心的林荫大道，以对称均衡的几何格式配置了无数水池、喷泉、雕塑及绿篱，并把植物整形为各种动物形象及几何体，极大地影响了 18 世纪的欧洲及世界各国。可见，虽然古代东西方各国的文化、地域不尽相同，但一系列的装置已经明确了城市环境设施的作用，发挥了其应有的机能。

图 2-7　庞贝古城遗迹

图 2-8　凡尔赛宫

后来随着城市的发展，在现代意义的城市兴起之后，公共环境设施变得更加普及。9世纪，当时的科尔多瓦在街道两旁普遍设置了街灯，但第一次系统的现代化的城市公共环境设施的出现要追溯至18世纪巴黎大改造时期。

如果留意欧洲都市的发展演变史，我们就会发现中世纪与文艺复兴之后的都市有着迥然不同的形态和性格。中世纪的都市呈现出有机的自然状态，居住建筑稠密、街道狭窄。当时最重要的城市空间为“广场”，广场与教堂、市政厅建筑共同构成城市公共空间的重点。文艺复兴至巴洛克时期的街道空间则开始向规整化发展，呈现为有规划的几何形。不论是棋盘式还是放射状的街道，都讲求直线式、通畅和宽敞的布局。随着工业革命的到来，尤其是蒸汽动力火车的出现，交通工具的变革推动巴黎和其他城市进入现代化时期，尤其使城市街道空间发生巨大的变化。从18世纪开始，随着法国革命进程的加快，城市越来越成为人们的领地，在街道上人们不停地走动时，个人和公众的生活开始融合成一体，街道就开始成为人们日常生活的一个“剧场”。在法国，拿破仑三世和经他发掘的一位能够胜任执行巴黎公众设施改善计划的领导者奥斯曼开始了巴黎的现代化城市改造。当时城市的特征发生了深刻变化，以前的房屋正对内部庭院，而新的街区和建筑的规划使其可以面临街道开高窗。居民可以通过阳台俯瞰街上的行人和马车的移动。咖啡馆满足了在新的街道上活动日益增多的人们的需要，为室外生活空间服务。随着街道形态的变化，人们日益需要更宽敞的街道和其他空间，于是林荫大道逐渐取代了那些模糊、不明显的小巷。与此同时，政府开始在街道两旁种植行道树，美化街道节点并安装路灯、坐凳和其他的路边设施小品，从此城市公共环境设施在城市系统中成为不可或缺的重要组成部分。

中国古代的石牌坊（图2-9）、抱鼓石（图2-10）、石狮子（图2-11）及水井（图2-12）等都是城市系统的重要组成部分。张择端的长卷作品《清明上河图》描绘了北宋时期京都汴梁的繁华街面，展现了街道上店铺的各种招牌、门头、商店幌子等（图2-13）。日本江户时期的街道设置的水井成为当时的环境设施之一；街道上设置的道标成为重要的信息媒体。

图2-9　明十三陵石牌坊

图2-10　老北京的抱鼓石

图2-11　故宫里的石狮子

图 2-12　水井

图 2-13　《清明上河图》局部

随着东西方文化的交流，中外环境设施的设计观念在不断地丰富、发展和完善。以圆明园为代表的中国园林艺术被介绍到欧洲，英国皇家建筑师以“中国式”的手法设计了英国的庄园，并风行于欧洲，出现了一种对中国古典园林认同的倾向。而东方各国的城市环境设施也改变了原来的姿态，玻璃路灯、道路绿化、邮筒、公用电话等相继作为公共环境设施而出现。特别是随着汽车的出现，人们逐渐失去了以街道作为步行空间，传统的地缘街道的共同生活地域体系也逐渐消失。中国的城市建设，从清末即开始向现代转化，建筑材料、结构、形式等均逐渐改变着千年的传统，尤以上海、天津、广州等城市更为突出。中国近代的城市设施和建筑小品深受西方建筑思潮的影响。新的文明产生了新的地域社会，也导致了新的环境设施的出现。今天，耸立的现代化高楼，广场和公园等公共空间的开放，商业街、大型购物超市的出现，构成了新的城市环境模式，更加有力地推动了公共环境设施的结构改革。

东西方在哲学思想、思维方式及生活环境等方面的差异，造就了东西方在公共环境设施设计理念与实用价值观上的不同，从而推动了公共环境设施的不断演化。

传统中国以农业为本，人与自然和睦相处，祖祖辈辈对自然界的认识以一种自然崇拜的形式体现出来，逐渐形成独特的思维方式，讲求人与自然的融洽、和谐，善于以小见大。从秦汉的皇家园林，到隋唐、宋元的山水园林和明清的皇家及私家园林，形成了犹如立体山水画一般的别具风貌的园林模式。我们可以在许多成功的园林中发现山石已塑成麓坡、岩崖、峰峦、谷涧、洞隧、瀑布等景象，看到营造出的诗情画意（图 2-14 与图 2-15）。宋代商业发达，一些茶楼酒馆附设池馆园林以招徕顾客，形成了公共环境空间，并出现了与其相对应的公共环境设施；假山、水池、竹林布列，亭榭建筑穿插。深受中国影响的日本园林结合本土的地理条件和文化传统，自成体系。为反映禅宗修行者所追求的苦行及自律精神，日本园林开始摈弃以往的池泉庭园，使用一些如常绿树、苔藓、沙、砾石等静止、不变的元素，营造枯山水庭园，园内几乎不使用任何开花植物，以期达到自我修行的目的。因此，禅宗庭院内，树木、岩石、天空、土地等常常寥寥数笔即蕴涵着极深的寓意，在修行者眼里它们就是海洋、山脉、岛屿、瀑布，一沙一世界。这样的园林无异于一种精神园林。后来，这种园林发展到极致，乔灌木、小桥、岛屿甚至园林中不可缺少的水体等造园惯用要素均被一一剔除，仅留下岩石、沙砾和自发生长于荫蔽处的一块块苔藓地，这便是典型的、流行至今的日本枯山水庭园的主要构成要素，而这种枯山水庭园对人的精神的震撼力也是惊人的（图 2-16~图2-19）。

图 2-14 颐和园

图 2-15 苏州园林

图 2-16 日本京都龙安寺

图 2-17 日本枯山水庭园

图 2-18 日式石灯

图 2-19 日本寺庙的蹲踞

中国等东方国家重视主体，重视事物的辩证统一和整体效果。在公共环境设施设计中重组群效果，追求整体统一，造成所谓星罗棋布之势；重物感，重直觉，重人的内心世界对外界事物的感受。东方国家在设计中讲气势、重意境，讲究环境设施与群体的空间艺术感染力，以方便人的生活为设计的准则，运用均衡、对称、统一变化等形式原则，讲究设施与环境的调和与人类自身的适应，以及处于自然胜于自然的意境。

西方国家在处理人与自然的关系上，以征服自然、改造自然、战胜自然作为文明的进步体现，在环境设计中常以大尺度景观对视自然；重客体，重形式逻辑，重探索事物的内在规律性，讲求事物间的因果关系，并常以数学、几何关系来分析，如平坦的草坪、笔直的林荫道、几何形的水池、比例讲究的抽象雕塑等，给人强烈的秩序感；重模仿，重理性，重客观的写意性。西方国家在设计中讲求个体的造型，追求实体简单清晰而富于逻辑，坚持“实用、坚固、美观”的原则，严格遵循比例、均衡、韵律、对称的原则，着力于客观的写意法。例如，古埃及人的园林即以“绿洲”作为模拟对象，把几何的概念用于园林设计，水池和水渠的形状方整规则，建筑、树木亦按几何规则加以安排，是世界上最早的规整式环境设计模式。巴黎凡尔赛宫的庭园为几何风格，具有强烈的人工雕琢痕迹，大理石雕塑，林荫下设置座椅，布设装饰性水景，人们在其间散步或闲谈。文艺复兴时期的意大利公共环境设施，由于当时其主要建筑物通常建于山坡地段的最高处，故在建筑前开辟层层台地，分别配置坡坎、平台、花坛、水池、喷泉、雕塑及绿化；在水景的处理手法上丰富多样，于高处汇聚水源作为贮水池，然后顺坡势向下引注，成为水瀑、平濑或流水梯，在下层台地则利用水落差的压力设置各种喷泉。这种做法对 18 世纪的西方各国产生了深远的影响。示例如图 2-20~图2-23 所示。

图 2-20　西式园林

图 2-21　西式花园

图 2-22　凡尔赛宫后花园喷泉

图 2-23　意大利雕塑

20 世纪初，西方产生了抛弃传统的“再现论”和“模仿论”的抽象艺术，反映在景观（设施）的设计上，开创了功能主义设计理论与实践。景观设计逐渐抛弃了装饰图案和纹样，从现代艺术（绘画、雕塑）的角度开拓景观的新形势、新语汇；用抽象绘画的构图方法来设计景观（设施），扩大了景观艺术的表现力。雕塑艺术的抽象化使雕塑从景观的装饰品、附属物发展成为对景观设计产生实质作用和影响的重要因素。最早受现代艺术影响而形成的景观也许就是建筑师古埃瑞克安为 Noailles 设计的法国南部 Hyeres 的别墅庭院（图 2-24）了。设计师采用铺地砖和郁金香花坛的方块划分三角形的基地，沿浅浅的台阶逐渐上升，至三角形的顶点以著名的立体派雕塑家普希兹的作品《生活的快乐》作为结束，强调了对无生命的物质（墙、铺地等）的表达，与以往植物占主导的传统有很大的不同。当被初次展出的时候，它给人以耳目一新的感觉和很强的视觉冲击力。在设计中，人们能明显看到该作品吸取了风格派特别是蒙德里安的绘画精神，充分利用地面并进入第三维的构图设计。另一个著名的设计作品是由费拉兄弟与莫劳克斯设计的瑙勒斯花园（图 2-25）。设计者在设计中吸取了立体派的思想，以动态的几何图案组织不同色彩的低矮植物和砾石、卵石等材料，围篱上还安了一排镜子。

图 2-24 Hyeres 的别墅庭院

图 2-25 瑙勒斯花园

20 世纪 50 年代末，后现代艺术的出现促进了艺术与景观（设施）的融合与发展，使其在形式上密切联系，在观念上融合相通，在彼此的界限上变得模糊不清，呈现出艺术的景观化和景观的艺术化。巴西优秀的抽象画家马尔克斯将抽象绘画的构图运用于由植物组成的自由式庭院设计，将北欧、拉美和热带各地的植物混合使用，通过对比、重复、疏密等设计手法，取得如抽象画一般的视觉效果。美国亚特兰大市瑞欧购物中心是玛莎•施瓦茨设计的最有影响的作品（图 2-26），其错位的构图、夸张的色彩、冰冷的材料，特别是在庭院中布置的 300 个镀金青蛙点阵，创造出奇特和怪异的视觉效果。这一典型的波普艺术风格和手法的设计，使人感到醒目、新奇、滑稽和幽默。

图 2-26 瑞欧购物中心庭院

20 世纪 70 年代后，人本主义思想重新抬头；随着发达国家由工业化社会向信息化社会的转变，现代城市开放空间在人类行为、情感、环境等方面的缺陷日益明显。人们逐渐认识到城市开放空间应适应人类行为、情感的人文化、连续化的发展。都市中“为人服务”的设计观念开始兴起。都市规划与设计专家提议将汽车赶出市中心，把城市中供市民活动的公共空间归还给市民舒适地使用。于是，城市公共空间的功能被重新定位，除去传统的交通功用外，还衍生出商业、休憩及社会公共活动等多元化的功能。这些功能均以“人”为中心而不是“车”为中心，这是城市空间规划设计观念的又一次重大转变。城市空间职能的转变又一次带动了“城市家具”的现代化发展。

第三节　东西方公共环境设施的差异

人类生存的空间环境无时无地不存在着复杂和矛盾的因素。无论是外在的还是内在的，它们呈现出封闭 - 开放、压抑 - 自由、理性 - 感性、动态 - 静态、实体 - 虚体、内向 - 外向等矛盾现象。这多样的二元现象同时存在的事实，揭示了人类复杂的心绪。它们的不同源于东西方的不同特质，是追寻地方个性文化的线索，也反映在城市的某些传统建筑和环境设施中。中西方的不同特质主要体现在以下几个方面。

一、文化观念

古希腊人很早就形成一种宇宙秩序的观念。这种秩序建立在宇宙的内在规律和分配法则上，这种规律和法则要求大自然的所有组成部分都遵循一种平等的秩序，任何部分都不能统治其他部分。这种思想具有明显的几何学性质。与希腊人相当早地将自然世界与人文世界脱离开来，把自然界作为一个独立体系来观察。这种对大自然的观察方法影响了古代西方的人文社会理想。在西方，人们看待人和世界的模式是超越自然的，即超越宇宙的模式，把人看成上帝创造活动的一部分。在《圣经•创世纪》中，上帝创造万物众生的故事宣布上帝对宇宙的统治权以及人对地球上具有生命的创造物的派生统治权。西方人理所当然地认为地球完全是为了服务于人而被设计的，自然应处于人的控制之下。因此，在处理人与自然的关系上，西方社会以征服自然和改造、战胜自然为文明演进、文化发展的动力。西方人常常喜欢设计大尺度的广场、绿地、水景等来对视自然。

在中国，传统文化中所追求的“天人合一”使中国文化重视人与自然的和谐，讲究以少胜多、以小胜大的设计手法，加之中国古典园林中的借景、透景、漏景等技法的运用，将人与自然合成为一个和谐的境界关系。

在环境设施的设计上，人们常常可以看到西方大尺度的景观台阶、绿地、花坛等，而在中国，人们常常可以看到很多讲究“意境”的环境设施，它们大都使用中国古典园林中的借景、透景、漏景等技法（图 2-27~ 图 2-30）。

图 2-27　西班牙广场的大台阶

图 2-28　西班牙广场的水池

图 2-29 中国古典庭院中的廊

图 2-30 中国古典庭院中的榭

二、思维方式

西方人重客体，思维习惯倾向于探究事物的内在规律性，重视形式逻辑、重视事物间的因果关系；而中国人重主体，重视整体的辩证逻辑，在设计中注重整体效果，讲究统一、有机联系的“模糊”状态。在环境设施的设计中，西方人常用数学逻辑和几何关系来分析，因此我们经常可以看到西方的城市景观中有修剪整齐的树木、砌筑方整的台阶、比例讲究的雕塑，它们具有强烈的几何性，让人感觉整齐而又有秩序感。而在中国，城市景观常体现出一种对现象的直观体验，对人的个体感受的追求。

三、设计理论

中国人的美学观是“重情”的美学观，注重内心的体验，讲求人的内心世界，强调设施与群体的空间艺术感染力，如中国园林经常采用题刻、楹联等来拓宽园林空间的意境。

西方人的美学观是“唯理”的美学观，把美学建立在“唯理”的基础上。无论是毕达哥拉斯学派的“黄金分割”，还是哥白尼、伽利略用数的和谐与简洁的几何关系去解释宇宙，都体现了西方美学观讲究实体清晰简单，有逻辑、理性的明晰性。

由于中西方存在不同的特质，在思维模式、哲学理念、审美情趣及价值观认同上具有差异，因此在环境设施的设计和运用方面也有着根本的不同。

从环境设施的外观形态上来讲，西方人喜欢用几何的、比例的方法来确定设施的外观；中国人重直觉，设计以方便人的生活为准则，在尺度和体量的把握上主要讲究与空间环境之间的调和关系。中国人的性格比较拘谨，过于夸张的色彩和形态不太符合中国人的喜好；而西方人崇尚个性自由，因此，形态夸张的造型比较容易得到他们的认可。

四、实用价值观

西方人重视理智，讲究比例、尺度、均衡、韵律、对称等形式美法则，而中国人比较重直觉。因此，在环境设施的设计上，西方人十分严格地用形式美法则来指导环境设施的设计，而在我国，设计以方便人的生活为准则，在尺度和体量的把握上主要讲究与空间环境之间的调和，以及人类自身的适应性。另外，由于中国的传统文化讲究“天人合一”，即强调人是自然界的一部分，人与天地万物本来就是一个有机统一的整体，因此，环境设施往往是自然的缩影和提炼，是“出于自然而高于自然”的直接体现。

第四节　公共环境设施的发展

进入21世纪，世界各国的环境问题尤其是城市空间环境问题以各种形式出现，促使人们不断转变环境设计的思维方法和理论。正如著名建筑大师密斯凡德罗所说，“建筑的生命在于细部”。“城市家具”——公共环境设施作为城市规划、建筑设计、环境景观设计、室内设计中的一项重要设计因素正得到重视，它同样影响着整个空间环境形象。公共环境设施设计的品质与设置齐全与否，直接体现出该空间环境的质量，更展现了一个城市的精神文化、艺术品位与开放度。设施是空间环境中不可缺少的要素，每个环境都需要特定的设施来使空间与景观环境相互融合并具有亲和力，使人与空间环境、空间与空间、人与物之间产生相互关系。它们构成一定氛围的环境内容，体现着不同的功能与文化气氛，为人们能在空间环境中更加轻松、舒适、便利等提供帮助。

公共环境设施在世界各国的发展是不平衡的。在欧美及一些经济发达的国家，因为工业化程度较高，经济力量比较强大，故在公共环境设施建设中的投资比较大，公共环境设施的建设也比较完善。但在发展中国家，特别是非洲等经济不发达地区，公共环境设施的发展比较落后。我国的公共环境设施的发展经历了漫长的过程，近代由于工业化起步比较晚，经济比较落后，公共环境设施的建设落后于西方发达国家。近几年来，我国的各个城市都加快了现代化城市建设的步伐，注重城市公共环境设施的建设，关注城市发展和人的关系，通过兴建广场、步行街、城市绿地、停车场等公共环境设施，满足人民的需求。

一、现代高新科技的运用

每一次技术进步都给世界的各个领域带来巨大的变革，设计领域更是如此，公共环境设施设计也是伴随着一场场的变革而不断发展，进一步向智能化迈进，而且技术、生产方式的进步使原来不可实现的设想成为可能。计算机技术及网络技术的发展带动了自助系统的兴起，旅游导引地图这个单一不变的功能识别已被可以触摸选择的电脑智能化的资讯库所替代。

拥有70多年历史的法国照相公司PHOTOMATON曾宣布该公司所属的自动照相亭将安装与互联网连接的接头设备，使前去照相的顾客或者非顾客都能免费发出录像邮件和电子邮件。这些互联网免费接头能使人们随时与合作联网单位如巴黎公共交通公司、商业中心、当地问事处等机构进行联网咨询，也能向人们提供互联网电子邮件的网址。弗勒里·米雄农业食品企业，开发了一种熟食自动贩卖机。这种熟食自动贩卖机可以使人们在几分钟之内拥有一份热饭菜。弗勒里·米雄集团负责人说，这个计划并非创举，但以前的几次尝试不是以流产告终，就是仍处在萌芽状态，原因主要还是在技术方面；随着技术的发展，他们的设想正在成为可能。各种智能自助设备如图2-31与图2-32所示。

图2-31　自动售票机

图 2-32 智能化汽车站

图 2-33 上海夜景

二、国际化与个性化的认同

由于所处的地理位置、自然条件、气象条件、历史文化、民族传统、生活习惯和审美观念不同，各个城市的空间布局、山水形态、自然风貌、传统色彩、建筑风格、城市形态不尽相同， 因此每个城市都各具特色，城市地狱文化也丰富多彩。作为国际化大都市，上海充满包容之心，展示开放之态，城市风貌中西合璧，既有西式情调，又有中式内敛风格。上海商铺如林，极尽繁华，又与江南的灵秀完美地融合(图 2-33)。巴黎的浪漫与激情，柏林的现代与严谨，北京的雍容与大气（ 图 2-34 ），这些带有强烈的地域气息、时代特征和民族风情的城市个性，是城市地域文化的源泉与结晶，折射着人类文明的光华。

全球一体化导致的全球文化趋同， 反映在城市上， 就是城市的地域文化逐步被全球文化所淹没，建筑的民族性被建筑的“国际性”所取代。如今的城市建设，在建筑规模、数量、类型、技术、速度等方面都是以往任何历史时期所不能比拟的。面对城市个性的丧失， 人们必须谨慎地审视全球化行为， 重新探讨现代文明的价值。现代化决不意味着制造单调和重复， 而意味着塑造更加多元化与自我的生活方式、 生活场景和生活形态。因此，当今的城市设计工作者和建筑师在国际标准化和个性特色化这两个方面做了大量的努力，以求得社会的认同。

图 2-34 北京城市风光

三、环境整体化、功能综合化与处理精致化

城市环境是一个有机整体，城市的建设与规划应该反映出城市的未来趋势、发展定位和对整体的考虑，要实现其环境特征，与城市的历史、民族、风俗、宗教、居民的需求、发展的可持续化相结合，让城市建设实现城市历史的合理性延伸和地理学的合法性塑造。城市设施作为城市环境的一部分，与城市各要素内部都有着深刻的联系，所以城市设施应在整体化规划背景下与各要素进行有机配合。要通过采用整理和统一的设计，使城市环境更和谐，人们生活、工作更便捷。

城市化建设的功能化要求城市设施设计的功能综合化。城市设施的功能综合化提高了空间与资源的利用率，多层次、多方面地满足了人们的需求。

城市环境处理的精致化主要体现在两个方面：一是精致化处理体现出对使用者需求的深度研究，处理的范围很广，包括功能、造型、色彩、质感的处理，为人们提供高质量的用户体验；二是重视城市环境的规划。对于设施的布置选址、表达、安放数量都应有合理的安排，这不仅为使用者提供便利、高效的服务，更能提高整个城市环境的质量和社会实效。

四、向更为广阔的空间发展、渗透

随着社会的发展、人类社会活动区域的不断扩大，城市空间势必向更广阔的地区推进，形成大规模的城市化发展。由于人们生活的不断丰富，空间存在形式也更加丰富，不仅与自然环境相融合，也不断与人的审美意识、社会文化、民俗风格、民众生活等方面相融合、相渗透。城市与人之间的关系也因为日益健全的设施更加紧密，成为人类文化交流的中心。

五、社会公众化、人性化的价值趋向

以人为本是工业设计的出发点，人性化设计主要体现为以下 3 个方面：满足人们的需求和使用的安全；功能明确、方便；对自然生态的保护和社会的可持续发展。

从使用者的需求出发，提供有效的服务，省时、省力的设计，将是今后公共环境设施设计的发展方向之一。使用者不但能有效地使用，同时在设计上避免自己粗心或错误操作而受到伤害。现代公共环境设施设计的目的就是极大地满足人们的使用需求，如世界最先进的自动售票机的设计就有下列功能：可选择吸烟、禁烟区；若搭乘头等厢，则可预订在座位上用餐；可指定座席的类型、位置（靠窗、面对面的座位等）；可预订往返的座席；可变更预订所希望搭乘的列车，预订完成时，画面会显示发车的时间、费用，所以，只要投入钱币，车票就会出来，无须排队购票，十分方便，最大限度地满足了人们的需求。

发达国家现代化的火车站设计，使旅客避免了过多地上下阶梯台阶、走天桥。地铁直通火车站内大厅，各类环境设施如电话亭、自助售票机（图 2-35）、自动查询机排列成行，标识导向牌指示明确，有台阶的地方设置了无障碍电梯（图 2-36）。

图 2-35　英国火车自助售票机

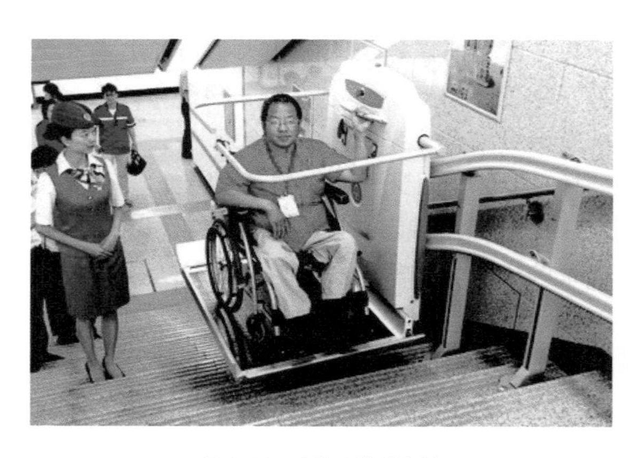

图 2-36　地铁无障碍电梯

现代公共环境设施的设计还应考虑所使用地区的环境气候、风土人情、人的生活习惯。例如，电话亭的设计就要考虑人的多种需求如人的隐私、心理、隔声、空气的流通等，从心理因素出发，利用玻璃的通透性使人免去压迫感；在安全性上不能用普通玻璃而要用钢化玻璃，以防碎后伤人。

第三章
公共环境设施的类型

丰富多样的现代社会生活促使多样化环境设施的出现。由于城市生活环境设施不同，不同国家对公共环境设施有不同的分类。城市的公共环境设施，除了较为大型的永久性的建筑设施外，还包括放置在开放性的街道、广场、公园、车站、商场、医院、学校等公共空间中供人们共享的设备及器具，如照明灯饰、休闲座椅、饮水装置、通信设施、卫生设施、消防设施、安全护栏、停车设施、防雨设施、健身设施、娱乐设施、公共视觉导向系统等其他公共环境设施。公共环境设施一般可从 3 个方面来分类，即从使用方面分类，从管理、经营方面分类，从生产制作方面分类。由此可见，仅仅从单一方面进行环境设施的分类是缺乏科学性的，环境设施的产生不仅要考虑城市环境的特点、人对环境设施的视觉分析及人们现代生活的需要，而且应密切关注它与工学、医学、心理学、社会学、材料学、文化、经济、艺术等之间的关系。

第一节　国内外对环境设施的分类

一、外国对环境设施的分类

1.日本对环境设施的分类

下面以道路（图 3-1）为例介绍日本对环境设施的分类。

图 3-1　日本道路

道路本体要素包括：土木工程的基础；路面的铺装工程。

道路构造物要素包括：桥梁、高架立交桥；隧道、地下通道；道路隔离栅、防护墩。

道路附属物要素包括：交通宣传安全要素（立交桥、防护栅、道路照明、视线诱导标识、眩光防止装置、道路交通反射镜、防止进入栅等）；交通管理要素（道路标识、道路信号、紧急电话、可变性标识、交通管理御制系列等）；驻车场等要素（管理亭、停车场、公共汽车停车区、休息处等）；防雪、除雪要素；安全要素；防御要素；共同隔离障碍（如道路与道路以外环境的隔离沟或绿化隔离带等）；绿化要素。

道路占有物要素包括：空间要素（地下街等）；设备要素（电力、电话线、水道、下水道、煤气管道等）；休息要素（长椅等）；卫生要素（垃圾箱、烟灰缸、饮水器、公共厕所等）；照明要素（步行者专用照明、商店照明、投光照明等）；交通要素（公共汽车站、停车场装置等）；信息要素（道路、住宅区引导标识，公用电话等）；配景要素（雕刻、纪念碑、喷水等）；购物要素（贩卖亭、广告塔、商品陈列橱窗等）；其他要素（游乐具、展示陈列装置等）。

2.英国对环境设施的分类

英国将环境设施分为如下几类。

high mast lighting（高柱照明）；lighting columns DOE approved（环境保护机关制定的照明）；lighting columns group A（照明灯A）；lighting columns group B（照明灯 B）；amenity lighting（舞台演出照明）；street lighting lanterns（街路灯）；bollards（止路障

柱）；litter bins and grit bins（防火砂箱）；bus shelters（交通隧道）；outdoor seats（室外休息椅）；children's Play equipment（儿童游乐设施）；poster display units（广告塔）；road signs（道路标识）；outdoor advertising sings（室外广告实体）；guard rails，parapets，fencing and walling（防护栏、栏杆、护墙）；paving and planting（铺地与绿化）；footbridge for urban roads（人行天桥）；garages and external storage（停车库和室外停车场）；miscellany（其他）。

3.德国对环境设施的分类

德国将环境设施分为如下几类。

Floor covering（地板材）；limit（栅）；Lighting（照明）；Facade（裱装）；Roof covering（屋顶）；Disposition Obj.（配置）；Seating facility（座物）；Vegetation（植物）；Water（水）；Playing object（游具）；Object of art（艺术品）；Advertising（广告）；Information（引导、询问处）；Sign posting（告示）；Flag（旗）；Show-case（玻璃装饰橱）；Sales stand（售货亭）；Kiosk（简易售货店）；Exhibition Pavilion（销售陈列摊位）；Table and chairs（椅和桌）；Waste bin（垃圾箱）；Bicycle stand（停车场）；Clock（钟表）；Letter box（邮筒、邮箱）。

二、中国对环境设施的分类

资料记载，中国较早对环境设施进行详细分类的人是梁思成先生。在1953年的考古工作人员培训班的讲演中，他将环境设施分为园林及其附属建筑、桥梁及水利工程、市街点缀、建筑的附属艺术等。

根据我国的具体情况，参考公共景观规划设计、环境艺术设计、工业设计、视觉传达设计及数字设计等专业，依据基础环境设施设计的概念，结合环境设施的各要素而组成的系列性体系，可大致将环境设施概括性地分为如下几类。

（1）管理设施系统，包括防护设施、市政设施等。

（2）交通设施系统，包括人行天桥、连拱廊、公共汽车站、自行车停车处等。

（3）休息设施系统，包括休息椅、凳等。

（4）卫生设施系统，包括垃圾桶、烟灰缸、饮水器、洗手器、公共厕所等。

（5）信息设施系统，包括标识、广告牌、电子信息查询器等。

（6）游乐具设施系统，包括静态游乐具、动态游乐具、复合性游乐具等。

（7）照明设施系统，包括道路照明、广场照明、商业街照明、公园照明等。

（8）无障碍设施系统，包括交通、信息、卫生等。

（9）配景设施系统，包括水景、绿化、雕塑等。

（10）其他要素设施系统，包括购售系统、公共电话、邮筒等。

第二节　管理设施系统

一、防护设施

1.消火栓

消火栓的非正式名称为消防栓。它是一种固定式消防设施，主要作用是控制可燃物、隔绝助燃物、消除着火源，分为室内和室外两种。消防系统包括室外消火栓系统、室内消火栓系统、灭火器系统，有的还会有自动喷淋系统、水炮系统、气体灭火系统、火探系统、水雾系统等。消火栓主要供消防车从市政给水管网或室外消防给水管网取水实施灭火，也可以直接连接水带、水枪出水灭火。因此，室内外消火栓系统是扑救火灾的重要消防设施之一。示例如图 3-2 与图 3-3 所示。

图 3-2　消火栓（一）

图 3-3　消火栓（二）

2.路障

路障是防止事故发生、加强安全性的交通类设施，如阻车装置、减速装置、反光镜、信号灯、护栏、扶手、疏散通道、安全出入口、人行斑马线、安全岛等。由于车辆的增加，大多数室外环境都需要避免意外事故的发生，保证人们的安全便成了首要的问题。

设计者要在重视路障功能的情况下考虑其形态所造成的景观效应，起到“添景”的作用。路障的设置要与周围的设施、建筑风格相协调，达到悦目的效果。示例如图 3-4 与图 3-5 所示。

图 3-4　路障（一）

图 3-5　路障（二）

3. 沟（井）盖板与树篱

采用钢格板制造的沟（井）盖板具有多种型号，不同型号适合不同的跨距载荷及要求，广泛应用于市政道路、园林设施、住宅小区、学校、体育场馆等不同场所。根据使用场合的不同，不同规格型号的沟（井）盖板的表面可热浸锌、冷镀锌（电镀）或者不处理。通常人们可以依据制作材质的不同，将沟（井）盖板分为热浸锌沟（井）盖板、不锈钢沟（井）盖板、喷塑沟（井）盖板等；依据外形分为普通型沟（井）盖板、U形沟（井）盖板、管形沟（井）盖板及可敞开型沟（井）盖板。示例如图 3-6~图 3-9 所示。

在房子、菜园、果园等周围，栽上一圈树木，好像围墙，这叫树篱或叫绿篱。树篱属于围墙，用于室外区域的间隔、防护，由成活树干平面交叉编织而成，树干的根部平齐布置。树篱可作为绿地、公园、庭院等的围墙、围栏，代替水泥、钢筋、砖石等的墙体，起到间隔、防护作用。有的树篱不消耗自然资源，无后期更新材料费用，能充分利用自然资源，制造、使用成本低，美观又环保，可满足室外环境改造的发展要求。示例如图 3-10 与图 3-11 所示。

图 3-6 沟（井）盖板（一）

图 3-7 沟（井）盖板（二）

图 3-8 沟（井）盖板（三）

图 3-9 沟（井）盖板（四）

图 3-10 树篱（一）

图 3-11 树篱（二）

二、市政设施

1.电线柱与配电装置

电信、电话、电灯等主要电力的利用均需电线柱与配电装置。架空电线柱的支持用柱具有输电和配电的作用。输电装置一般为铁塔结构，配电装置一般为钢筋水泥柱、木柱等。电气系统管理、控制设施的基本形比较简单，为室外型单元化设施，大多置于广场和道路上。示例如图 3-12 与图 3-13 所示。

图 3-12 电线柱

图 3-13 配电装置

2.地面构建

地面构建是指地面凸起并与建筑结合部位的设施，使地面与地下相互联系，具体包括露天自动扶梯、升降电梯、采光通风井、冷却换气塔、地面采光天窗等。

地面构建设计及施工要点为：要充分考虑人流的高密度、高频率使用对地面材料的破坏；不同区域和结点应通过材质和色彩作为空间变化的暗示；创造和使用适合于人性、生态、环保的地面材料；地面可视的构建物形态要与环境协调，形成景观效应。

3.通风口

通风口是指排出建筑内废气，进行通风换气的装置。随着城市高楼大厦的不断出现，排气管道、通风口也相应增加。过去人们不对它进行设计，因而它给人的印象是粗笨、简陋，令人不屑一顾。由于它占用空间很大，功能性强，现在已经成为城市公共环境中的一分子。对它进行艺术化的处理，使它作为公共空间中和谐的音符，日益受到人们的重视。设计通风口时应注意将它融入城市总体形象之中，与建筑风格相得益彰，为城市增添时代感，利用地域性、可识别性或象征性手法，使它成为环境中的视觉焦点。示例如图 3-14~图3-18 所示。

图 3-14 美国洛杉矶菲戈购物广场通风口

图 3-15 法国巴黎某建筑通风口

图 3-16 德国商业区某建筑通风口

图 3-17 德国法兰克福某建筑通风口

图 3-18 奥地利维也纳某建筑通风口

4.管理亭

管理亭主要是指公共场所、小区、停车场、道路等为管理者利用的定点设施。例如警巡岗亭、小区办公楼门卫亭、停车场收费亭、高速公路出入收费处等。示例如图 3-19~图 3-21 所示。

管理亭设计要点为：其一，基本形应与其他环境设施相区别，包括与现场施工建筑相同的处理方式、简易的几何形组合和工厂生产单元方式。其二，根据使用目的，大小可异。1 人位为 2~3m^2，仅可放置椅子等简单家具；高速公路收费管理亭为 2 人位，尺寸为 350mm×120mm×2500mm。

图 3-19 小区警卫亭

图 3-20 高速公路收费亭

图 3-21 停车场收费设施

5.防声壁

防声壁是用来遮挡声音的墙壁状构筑物，常设于城市快速路和高架桥居住区、学校、办公区域的一侧，垂直或呈弓形等。其高度由道路幅面及建筑物位置决定，通常为 3~5m，由基础、支架、遮声板内填充材料等部分组成（图 3-22）。

防声壁设计要点为：要注意道路外侧的日照和通风阻碍，避免道路内外形成压迫感；在景观区尽可能采用透明材料，形成内外通透的景观视觉，防止眩光；减少支柱的暴露和加强壁面的连续感；采用色彩明快的遮声板材并配置绿地组合；遮声板表面应进行个性化艺术处理，形成有节奏韵律的形式美感；根据地段道路形式、地形高差、外在环境、穿过街区的性质和特点，确定设计形式。

图 3-22　防声壁

第三节　交通设施系统

交通设施的设计应本着能使人们在公共环境中的行动具有合理性、安全性的原则进行，并且要对整个城市的环境规划和街道布置等起到促进和完善的作用。

一、安全设施

1.交通标识与信号灯

交通标识是用文字或符号传递引导、限制、警告或指示信息的道路设施，又称道路标识、道路交通标识。设置醒目、清晰、明亮的交通标识是实施交通管理，保证道路交通安全、顺畅的重要措施。交通标识有多种类型，可用各种方式区分为主要标识和辅助标识，可动式标识和固定式标识，照明标识、发光标识和反光标识，以及反映行车环境变化的可变信息标识。

道路交通标识分为主标识和辅助标识两大类。主标识又分为警告标识、禁令标识、指示标识、指路标识、旅游区标识和道路施工安全标识。起警告作用的标识共有 49 种，是警告车辆、行人注意危险地点的标识（颜色为黄底、黑边、黑图案，形状为顶角朝上的等边三角形）；起禁止某种行为的作用的标识共有 43 种，是禁止或限制车辆、行人交通行为的标识（除个别标识外，颜色为白底、红圈、红杠、黑图案、图案压杠；形状为圆形、八角形、顶角朝下的等边三角形；设置在需要禁止或限制车辆、行人交通行为的路段或交叉口附近）；起指示作用的标识共有 29 种，是指示车辆、行人行进的标识（颜色为蓝底、白图案；形状分为圆形、长方形和正方形；设置在需要指示车辆、行人行进的路段或交叉口附近）；起指路作用的标识共有 146 种，是传递道路方向、地点、距离信息的标识（颜色除里程碑、百米桩外，一般为蓝底、白图案，高速公路一般为绿底、白图案；形状除地点识别标识、里程碑、分合流标识外，一般为长方形和正方形；设置在需要传递道路方向、地点、距离信息的路段或交叉口附近）；旅游区标识共有 17 种，是提供旅游景点方向、距离的标识（颜色为棕色底、白色字符；形状为长方形和正方形；设置在需要指示旅游景点方向、距离的路段或交叉口附近）；道路施工安全标识共有 26 种，是提醒车辆驾驶人和行人注意道路施工的标识。示例如图 3-23 所示。

道路交通信号灯是交通安全产品中的一个类别，是加强道路交通管理，减少交通事故的发生，提高道路使用效率，改善交通状况的一种重要工具，适用于十字、丁字等交叉路口，由道路交通信号控制机控制，指导车辆和行人安全有序地通行。交通信号灯由红灯、绿灯、黄灯组成。红灯表示禁止通行，绿灯表示准许通行，黄灯表示慢行或警示。《道路交通法实施条例》将交通信号灯分为机动车信号灯、非机动车信号灯、人行横道信号灯、车道信号灯、方向指示信号灯、闪光警告信号灯、道路与铁路平面交叉道口信号灯。示例如图 3-24 所示。

图 3-23　道路交通标识

图 3-24　道路交通信号灯

2.道路反光镜与橡胶减速带

道路反光镜也叫广角镜、凸面镜、转弯镜，主要用于各种弯道、路口，可以扩大司机视野，便于其及早发现弯道对面车辆及行人，减少交通事故的发生；也用于超市防盗，监视死角。示例如图 3-25 所示。

橡胶减速带又称减速板、减速垄、缓冲带、减速坡、减速垫、减速路拱，是根据车辆行驶中轮胎与地面实际接触角度原理设计的，表面用进口天然胶和丁苯胶，里层有尼龙线绲炼胶制成，坚固实用，耐压持久。橡胶减速带减振性、抗压性极好，寿命长，对车轮胎磨损少，减速效果显著，而且噪声低，不使人产生不适感，颜色为醒目的黄、黑相间，色彩分明，无论在白天或夜晚都具有高度可视性，是交通安全的新型专用设施。橡胶减速带主要用于城市路口、公路道口、收费通道、花园小区、停车场、车库、加油站等出入口、上下坡等场所的地面上。使用者可根据实际要求，快速灵活地组合橡胶减速带，安装非常容易。示例如图 3-26 所示。

图 3-25　道路反光镜

图 3-26　橡胶减速带

3.人行横道与过街天桥

人行横道是在车行道上用斑马线等标线或其他方法规定行人横穿车道的步行范围，提醒快速行驶的车辆的驾驶人在人行横道范围内减速让行人通过。示例如图 3-27 与图 3-28 所示。

过街天桥是在道路的上方修建的使行人安全畅通穿越马路的建筑，它把人行道与车道分离，减轻交通压力并确保行人安全。示例如图 3-29 与图 3-30 所示。

图 3-27 人行横道（一）

图 3-28 人行横道（二）

图 3-29 过街天桥（一）

图 3-30 过街天桥（二）

二、停候设施

1.公交候车亭

候车亭是城市文明、城市经济发展的一面镜子，所以，候车亭的设计要遵循人性化的原则，并为人们创造方便、快速、简洁的环境。标准的候车亭一般由站台、信息牌、顶棚、隔板、支柱、照明、座椅等几个部分组成，具体设计时可根据地段条件灵活掌握。候车亭在设计上应反映所在城市或地域的环境特点，注意与周围环境的调和，不应过于突出。功能上基本具备防雨、防风、防晒几项，另外，坚固性和易识别性也很重要。在设置上可与阅报栏、果皮箱、广告栏等结合。实际上，现代高科技也被用于候车亭，使其成为重要的交互产品。示例如图 3-31~ 图 3-34 所示。

图 3-31 公交候车亭（一）

图 3-32 公交候车亭（二）

图 3-33 公交候车亭（三）

图 3-34 公交候车亭（四）

2.城市地铁入口

城市地铁入口处的设计常常参照周围环境的建筑风格进行，而内部的设施则处理得较灵活，有的以色彩分割法取胜，有的以设置明确的阻隔栏取胜。示例如图 3-35~图3-37 所示。

图 3-35 城市地铁入口（一）

图 3-36 城市地铁入口（二）

图 3-37 城市地铁入口（三）

3.自行车停放设施

自行车停放设施设计有 3 种形式，即固定式停车柱、活动式停车架和依附其他设施等。设计过程中应考虑占地面积的问题，自行车除了平放外，还可采用阶层式停放、半立体式存放等形式。示例如图 3-38~ 图 3-41 所示。

图 3-38　自行车停放设施（一）

图 3-39　自行车停放设施（二）

图 3-40　自行车停放设施（三）

图 3-41　自行车停放设施（四）

第四节　休息设施系统

休息设施系统由椅、凳、桌、遮阳伞等组成，它们是公共环境中常见的基本设施设备。椅、凳所在之处往往成为吸引行人集聚休息的场所。休息系统中以椅、凳为主，椅、凳体现了一定的公共性，它们的安置必须适应多种环境的需求。休息、观赏、交谈和思考等是人们在公共环境中凭椅、凳而生的主要形态和行为，因此椅、凳应该尽量安置在安静的环境中，并要便于行人使用。座凳在中国、日本及中东地区使用相对较多，具有东方色彩。椅以欧洲为中心使用较多。凳最初作为建筑物的附设部分，设置于走廊等处，可供人们坐、躺、睡、夏日纳凉、日常下棋等。凳的特点是：无靠背，有扶手，面积较小，无方向性，配置随意，可以自由使用和移动。在形态上，凳强调造型的多样，在人流较大的场所如街道、广场及公园等公共区域中设置，不仅供人们休息，还可以兼作止路障碍。

出门在外，当你疲惫的时候，很想找地方

坐下来休息一下。如没有舒适的椅子，台阶也行。在合适的地点设计出合适的座具是设计师的责任。公共休闲座椅是供人们在各种公共环境中休息、读书、思考、观看、与人交流等的产品。示例如图 3-42~图3-46 所示。

图 3-42　公共休闲座椅（一）

图 3-43　公共休闲座椅（二）

图 3-44　公共休闲座椅（三）

图 3-45　公共休闲座椅（四）

图 3-46　公共休闲座椅（五）

一、分类

公共椅依照情景分为长时间的思考型（为了形成空间中最为舒适且安静的环境而设计）和短时间的小憩型（在狭小的空间场所及使用周转频率高的场所如车站，公共椅常常无法满足人们坐、卧、趴等需求，其形式有的被转换为简单的横杆）。

公共椅依照形态分为单座型椅（广泛用于餐饮，与餐桌遮阳伞相结合）和连座型椅（一般以 3 人为标准的形态，长度约为 200cm）。

二、设计要点

（1）公共椅凳的制作材料较为广泛，主要有木材、石材、混凝土、金属、陶瓷、合成材料等。应该根据使用功能和环境来选择相应的材料和工艺，并按照各地区不同的风俗习惯，地域特点来设计不同的休息设施。

（2）公共椅凳应该坚固耐用，不易损坏、积水、积尘，有一定的耐腐蚀、耐锈蚀的能力，便于维护。在表面处理上，除了喷漆工艺外，还可以对木材进行染色，注入添加剂，使用混凝土、铝合金或镀锌板等材料。

（3）单座椅一般座面宽为 40~45cm，相当于人的肩宽度；座面的高为 38~40cm，以适应人体脚部至膝关节的距离；附设靠背的座椅的靠背长为 35~40cm。

（4）供长时间休息的长椅，靠背倾斜度应较大，一般与座面倾斜度为 5°。无靠背的休息凳，其宽、深尺寸较自由，一般为 33~40cm。根据环境场所不同，其尺寸可做适当调整。

第五节　卫生设施系统

公共卫生设施的设计，强调“以人为本”的设计观念，它的质量决定城市环境的优化程度。设计原则强调生态平衡的环保意识，应确保方便使用、设计合理、结构完善，突出展示设施对改善人们生活质量发挥的积极作用。公共卫生设施主要有垃圾箱、公共厕所、公共饮水器等。

一、垃圾箱

垃圾箱供公共环境中人们丢弃垃圾之用，便于人们对垃圾进行清理，从而提高城市卫生质量，美化环境，促进生态和谐。垃圾箱主要被设置在步行街道、休息区、候车区、旅游区等场所，也可与其他设施一起构成合理的设施结构，整体完成使用功能（图 3-47~图 3-50）。一般垃圾箱的高度为 60~80cm，宽度为 50~60cm，生活区使用的体量较大，高度达到 90~100cm。常见的垃圾箱结构形式有固定式、活动式和依托式等，造型有箱式、桶式、斗式、罐式等。

图 3-47　垃圾箱（一）

图 3-48　垃圾箱（二）

图 3-49　垃圾箱（三）

图 3-50　垃圾箱（四）

垃圾箱的设计应首先考虑使用功能要求，即：具有适当的容量，方便投放，易于清除。经常性清除的垃圾箱可以无盖；在垃圾箱内可悬挂卫生袋，以方便换取；用金属环支撑塑料袋；在垃圾箱内另附一个套筒以取出垃圾倒空。垃圾箱一般的材料有预制混凝土、金属、木材、塑料、玻璃纤维、大理石等，应根据耐用度、外观和价格决定其材料。

二、公共厕所

公共厕所要体现卫生、方便、经济、实用的原则，它是与人体紧密接触的使用设施，所以它的内部空间尺度应依据人机工程学的原理进行设计。示例如图 3-51 与图 3-52 所示。

图 3-51 公共厕所（一）

图 3-52 公共厕所（二）

三、公共饮水器

公共饮水器是人们在室外活动过程中，解决口渴问题的方便设施。饮水器的设计要考虑使用对象及年龄层次，方便残疾人、老年人、儿童等使用者，出水口则应设计几个不同高度，或改变出水口下方的踏步台阶的级数。通常出水口距地面高度为 100~110cm，较低的为 60~70cm，每级踏步的高度以 10~20cm 为宜。示例如图 3-53~图 3-56 所示。

图 3-53 公共饮水器（一）

图 3-54 公共饮水器（二）

图 3-55 公共饮水器（三）

图 3-56 公共饮水器（四）

第六节 信息设施系统

随着时代的发展，城市不断增加、扩大，人们的生活环境日趋复杂，人们的行为也越来越多样化。未知空间和周围环境的信息量不断增加，导致人们对城市空间和环境的认知越来越混乱。

信息设施的设计将成为人与空间、人与环境交互的重要媒介，将是引导人们在陌生空间中迅速、有效地抵达目的地的重要设施。如图 3-57 所示，信息设施主要包括视觉导向设施、户外广告、店面招牌。

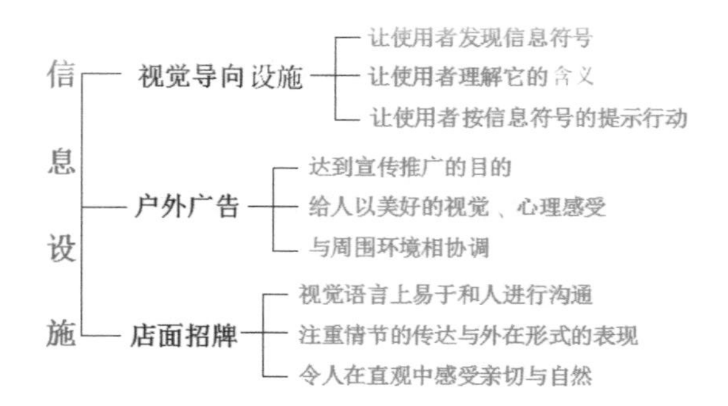

图 3-57 信息设施的类型

成功的标识、告示及导向的设计，应满足以下几点。

（1）有序化引导性，如地图、导向牌等。

（2）易读与识别性，如指示场所、建筑物的标识。

（3）规则性，即规范的或大家约定俗成的标识与形式。

（4）解说性，如布告栏、留言牌、广告。

（5）构思有创造性，能以造型、色彩、结构等特征引起人们关注，提高人们理解信息与采取行动的能力。

一、电子信息查询器

电子信息查询器是通过计算机程序控制在电子屏幕上显示信息的公共环境设施，它的特点是信息量大、更新快，被广泛用于汽车站、火车站、广场等大型公共场所。示例如图 3-58 与图 3-59 所示。

图 3-58　电子信息查询器（一）

图 3-59　电子信息查询器（二）

二、公共时钟

在公共环境中增设时钟，不仅方便行路者观看，在人群密集的区域还起地标的作用。它的造型较为灵活，并可设声音或动态装置，容易成为视觉的焦点，是地区性的标识物之一。示例如图 3-60~ 图 3-62 所示。

图 3-60　公共时钟（一）

图 3-61　公共时钟（二）

图 3-62　公共时钟（三）

三、广告栏

广告栏是结合候车亭、标识牌、报亭、邮筒、天桥等设施的界面进行展示的广告形式，这种广告形式不仅保证了设施的功能性，还具有环境装饰性。它通常结合多种设施设置在人流量大的位置，所以可以起到很好的广告宣传效应。广告栏有印刷张贴、灯箱展示、手工绘制等多种形式。在设计过程中，不同类别的广告有不同的设计要求，如灯箱类广告一般要求文字简练，字体醒目，色彩对比鲜明，商品图片结合得当；印刷类广告则要求印制精美，视觉冲击力强，富有一定的装饰性。示例如图 3-63 与图 3-64 所示。

图 3-63 广告栏（一）

图 3-64 广告栏（二）

四、店面招牌

店面招牌是商业、手工业店铺的广告形式。招牌多为木制，或长或方，或为花式外廓，一般书写简明的商品名称或广告语。示例如图 3-65 与图 3-66 所示。

图 3-65 店面招牌（一）

图 3-66 店面招牌（二）

五、公共标识牌

公共标识牌是为给公众宣布消息或用来公布某些信息的设施，主要用于城市交通或旅游标识。合理布置的交通标识牌能提示人们注意单行道、时间段限行等。各种交通设施之间的衔接、转换缺少不了公共指示牌。公共标识牌的位置及设计应该全面考虑，分析环境并了解地域文化、乡土民情、建筑风格、城市人员状况、道路状况、区域状况、旅游人数等，还要确定城市标识系统的总体规划，然后细分区域，做到布局合理，分布均匀，主次明确、流畅。示例如图 3-67 与图 3-68 所示。

图 3-67 公共标识牌（一）

图 3-68　公共标识牌（二）

第七节　游乐设施系统

游乐设施系统的设计是随着经济的发展、人们生活水平的不断提高，对公共空间提出的更高要求。所以，设计过程中应本着以人为本的设计原则，在强调其功能特点的同时要表现出亲和力，根据使用目的和具体要求来确定其体量大小，形态的设计一般要表现出地域特色或简洁的现代感，保持色彩、材料与环境的协调统一。示例如图 3-69~图 3-72 所示。

图 3-70　游乐设施（二）

图 3-69　游乐设施（一）

图 3-71　游乐设施（三）

图 3-72 游乐设施（四）

公共娱乐、健身设施是儿童和成人群体性活动场所，主要为满足儿童娱乐和成人健身的要求，使人的心智和体能同时得到锻炼，通常被设置在公园、居住区或游乐场中。设计原则主要有以下几个。

（1）安全性：这是最基本的原则，造型、材料、结构等方面均应考虑周全。

（2）合理性：针对不同使用年龄层次的人的生理和心理特点，设计从力度到复杂度都适合的设施。

（3）美观性：本身的造型、色彩、质感等方面要结合整体环境特点来设计。

第八节 照明设施系统

公共照明设施最基本的功能是保障人们在公共场所夜间生活的安全，是重要的公共环境设施，分布在城市的各交通道路、广场、商业店面、步行街。主要景点处的灯光在夜晚来临之时，亮丽、优雅、奢华或简约地装扮着城市，不仅给人们的生活带来方便，还能给人们带来精神上的享受，同时，对公共空间起着界定、限制、引导的作用。

公共照明灯具一般由发光体（日光灯、白炽灯、发光二极管灯、LED 等）、保护体（保护发光体正常发光的构件，是光源所产生视觉效果的介质）、附件（灯座、灯杆、灯罩、反光界面等）组成。其中，附件的形态特点影响和决定整个灯具的造型。

公共照明设施根据场所性质、场所环境及照明要求可分为以下几类。

一、街道照明设施

街道照明是实用性与艺术性相结合的照明，按路灯设置方式分为柱杆式和悬臂式。设计过程中应考虑光的色彩、方向、亮度、灯具的位置和造型特点等因素，以达到均匀照射路面的效果。示例如图 3-73 与图 3-74 所示。

图 3-73 街道照明设施（一）

图 3-74 街道照明设施（二）

街道照明设施的设计原则如下。

（1）整体设计特征符合街道性质，如商业街道、步行街等。

（2）结合街道的具体形式，营造不同的照明效果，如观光街道的照明设施应能起到强调城市特征的作用。

（3）注重利用照明设施的设置形成街道视觉的景观。

二、广场照明设施

广场环境是城市象征的缩影，现代城市广场的形式和性质越来越多样化，有城市中心广场、文化广场、街道广场、社区广场等。照明设计也成为广场的重要表现手法，应根据广场内的空间构成、意向表现、地貌特征、绿化尺度等元素，运用多种照明方式塑造整体的广场形象。示例如图 3-75 与图 3-76 所示。

图 3-75 广场照明设施（一）

图 3-76 广场照明设施（二）

广场照明设施的设计原则如下。

（1）运用一般照明效果明确广场形状轮廓，满足人们的基本活动。

（2）运用特殊照明效果突出广场主题内容，注重灯具本身的艺术造型和表达意义。

（3）注重广场范围内的不同照明方式和灯具的搭配效果，丰富广场空间层次。

三、园林照明设施

久居都市的人们越来越渴望田园林野的自然休闲环境，于是开始在喧嚣的城市中重新塑造自然景观。此时的园林休闲场景的照明设施就与花坛、喷泉、绿化、座椅等元素一起担负起构筑自然美景的重任。园林照明设施示例如图 3-77~图3-79 所示。

图 3-77 园林照明设施（一）

图 3-78 园林照明设施（二）

图 3-79　园林照明设施（三）

园林照明设施的设计原则如下。

（1）突出环境中软质景观的特点，创造场景夜晚的新意境。

（2）强调道路照明设计，重点组织视线运动方向。

（3）结合场地的设计种类和具体形式进行设计。

四、区域小环境照明设施

区域小环境指的是建筑出入口、整体环境的一部分区域等空间范围（商业店铺），这些照明设施依附于建筑或其他空间结构的照明系统。设计应遵循与环境、建筑在功能、造型和特征上保持一致的原则。示例如图 3-80 与图 3-81 所示。

图 3-80　广州天河广场照明设施

图 3-81　桂林阳朔西街照明设施

第九节　无障碍设施系统

公共环境设施是为公众设置、为公众所使用的，所以要考虑方便一些特殊人群的使用。残疾人士、有障碍的人士等，由于自身条件的限制，他们在日常活动中所需的某些设施不能跟平常大众所使用的一样，这就要求在城市公共空间中要设置针对这些特殊人群的无障碍设施 。例如：在城市环境设施中提供为残疾人轮椅行驶的坡道；在交通要道设计供盲人触摸的指路标识；在步行道上专门铺设盲道；提供残疾人专门使用的电话亭等。或许这些设施使用率并不高，却体现了现代社会对生命的尊重。

无障碍产品设计是指为残障人群所做的产品设计，这是从狭义上对无障碍产品设计的认识与定义。无障碍产品设计应体现“共通与共用设计”“全方位设计”“人本设计”。“共通与共用”的产品是指能够应答、满足所有使用者需求的产品。无障碍产品设计的真正目的应是使所有人无障碍地使用产品。所以，无障碍是一个相对的概念，障碍是绝对的，无障碍是相对的，从广义上说，完全无障碍的产品是不存在的。从哲学上讲，障碍与无障碍是矛盾双方对立而存在的。无障碍产品设计的内涵是探讨使用者与使用者的关系、使用者与产品的关系、使用者与空间环境的关系，广义上无障碍产品研究最终目的是使人人平等。

表 3-1 给出无障碍设施的设计内容与基本要求，图 3-82 给出部分无障碍设施符号。无障碍设施示例如图 3-83~图3-90 所示。

表 3-1　无障碍设施的设计内容与基本要求

<table>
<tr><th>道路设施类别</th><th colspan="2">设计内容</th><th>基本要求</th></tr>
<tr><td>非机动车车行道</td><td colspan="2">通行纵坡、宽度</td><td>满足手摇三轮椅通过</td></tr>
<tr><td>人行道</td><td colspan="2">通行纵坡、宽度、缘石坡道、立缘石、触感块材、限制悬挂的突出物</td><td>满足手摇三轮椅通过，方便拄拐杖通行，方便视力残疾者通行</td></tr>
<tr><td rowspan="2">人行天桥和人行地道</td><td>坡道式</td><td rowspan="2">纵剖面、地面防滑、扶手、触感块材</td><td rowspan="2">方便拄拐杖通行，视力残疾者通行</td></tr>
<tr><td>梯道式</td></tr>
<tr><td>公园、广场、游览地</td><td colspan="2">在规划的活动范围内方便使用者通行</td><td>非机动车道和人行道</td></tr>
<tr><td>主要商业街和人流地段</td><td colspan="2">音响交通信号装置</td><td>方便视力残疾者通行</td></tr>
</table>

视力障碍：表示视力障碍者或供视力障碍者使用的设施

文字电话：表示为听力障碍或言语障碍者提供文字帮助的电话

无障碍通道：表示供残疾人、老年人、伤病人等行动不便者使用的水平通道

听力障碍者电话：表示供听力障碍者使用的电话

图 3-82　部分无障碍设施符号

行走障碍：表示行走障碍者或供行走障碍者使用的设施

导盲犬：表示导盲犬或供导盲犬使用的设施

听力障碍：表示听力障碍者或供听力障碍者使用的设施

导听犬：表示导听犬或供导听犬使用的设施

图 3-82 部分无障碍设施符号（续）

图 3-83 盲道

图 3-85 无障碍电梯

图 3-84 坡道

图 3-86 无障碍卫生间

图 3-87 盲文电梯

图 3-89 设于墙壁上的无障碍设施

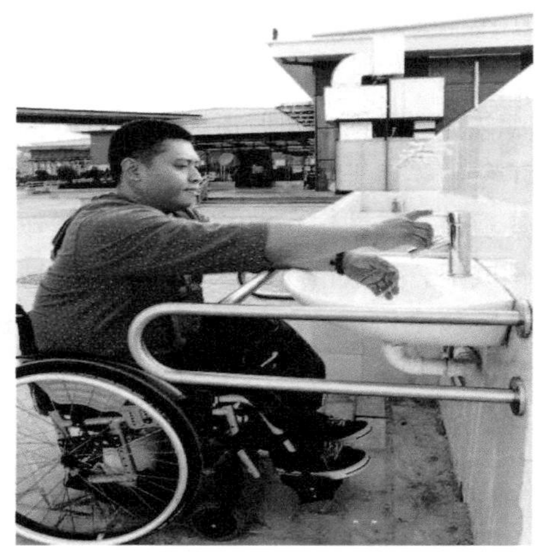

图 3-88 无障碍水池

图 3-90 设于楼梯边的无障碍设施

第十节 配景设施系统

一、公共绿化

人与自然的距离或近或远，若有绿色植物在身边围绕，人的精神就会瞬间放松下来，可见环境绿化在人们生活中发挥着重大的作用。示例如图 3-91~图3-93 所示。

图 3-91 蒙特利尔公共广场

图 3-92 “新荷兰水线”公共草坪雕塑

图 3-93 某小区公共绿化

二、水景

人们很早就择水而居，随着人类文明的发展，水从人们的物质需求发展为艺术的审美需求。目前，水景已经成为观景艺术的组成部分，很多城市公共环境设施已离不开它。示例如图 3-94 与图 3-95 所示。

图 3-94 水景（一）

图 3-95 水景（二）

三、雕塑

城市雕塑是指立于城市公共场所中的雕塑作品，它主要用于城市的装饰和美化，增加城市的景观，丰富城市居民的精神享受。作为文化的构成部分，城市雕塑可以代表这个城市、这个地区的文化水准和精神风貌，使每个进入所在环境的人都沉浸在浓重的文化氛围之中，感受这个城市的艺术气息。示例如图 3-96~ 图 3-99 所示。

图 3-96 雕塑（一）

图 3-97 雕塑（二）

图 3-99 雕塑（四）

图 3-98 雕塑（三）

第十一节 其他要素设施系统

一、购售设施

购售设施指在城市公共空间中分布的提供购售服务的设施，特点是体积小、分布广，主要有报刊亭、售票亭、售货亭、售货车、售货机等。购售设施不仅为人们提供方便，而且是城市景观的构成部分。示例如图 3-100~图3-103 所示。

图 3-100 购售设施（一）

图 3-101　购售设施（二）

图 3-102　购售设施（三）

图 3-103　购售设施（四）

二、公共电话亭

公共电话亭的设计需要考虑环境因素，在不同的地点，电话亭的外形、色彩、肌理、材质等方面的设计也应该不一样。针对市中心、商业街、文教区、旅游风景区等不同性质、功能的区域，电话亭在设计上就应做出不同的侧重，但这并不意味着可以采取五花八门、稀奇古怪的形式，而是应建立在电话亭最终属于城市整体的一部分这个统一前提的基础上。示例如图 3-104~图3-106 所示。

图 3-104　电话亭（一）

图 3-105　电话亭（二）

图 3-106　电话亭（三）

三、邮筒、邮箱

邮筒、邮箱是用来收集外寄信件的邮政设施。通过邮筒、邮箱，寄信人不必去邮政局就能寄出信件。目前，邮筒、邮箱已经成为城市街头文化的一部分。示例如图 3-107~图 3-110 所示。

图 3-107　邮筒（一）

图 3-108　邮筒（二）

图 3-109　邮筒（三）

图 3-110　邮箱

第四章 公共环境设施的设计要素

第一节 公共环境设施的产品要素

一、形态性

1.形态的概念

形态一般指事物在一定条件下的表现形式。环境设施的形态要素是由设施外型和内在结构显示出来的综合特性。在设计用语中，形态与造型往往混用，因为造型也属于表现形式，但两者是不同的概念。造型是外在的表现形式，反映在公共环境设施上就是外观的表现形式。形态既是外在的表现形式，也是内在结构的表现形式。

通常形态分为两大类，即概念形态与现实形态。概念形态有质的方面（点、线、面、体）与量的方面（大、小）。概念形态是不能直接感知的抽象形态，无法直接成为造型的素材。当它以图形化的直观形式出现时，就成了造型设计的基本要素。现实形态是实际存在的形态，包括自然形态（如山水树木、花鸟鱼虫等）、人为形态（如产品、建筑等）两种类型。自然形态可以分为有机形态和无机形态，有机形态就是有生命的有机体，无机形态往往体现在几何形态上，给人以理性的感觉。人为形态是通过各种技术手段创造的形态，当然包括设计形态。对环境设施设计形态的研究是十分重要的环节。环境设施的表现形态一般有以下几种。

（1）功能形态：在形态设计时主要考虑功能的要求，满足人在使用设施时的状况，形态跟着功能走。现代主义强调形式服从于功能，强调以科学的客观的分析为基础，避免设计的个性意识，借此提高产品效率及经济性；反对无理性根据的形式，反对传统样式及装饰，提倡创新。

（2）仿生形态：通过对自然界的一些形象的模仿和造型特征的借鉴，创造出一种新的设施产品形态。

（3）装饰形态：符合人们习惯的观赏习性，追求设施的视觉审美。

（4）象征形态：它所表现的特征，从某些方面看，与联想的表现手法有相近之处，相互不干扰。环境设施如果讲求细部的效果和隐喻的表现，那么所谓象征性的表现，就是基于某个具体形态的类比暗示及联想。

（5）触感形态：触感形态指回避现代主义设计所特有的由直线和平面构成的单纯的几何学形态，而冠以曲面形态进行变化，变无机性为有机性，在形的某个部分体现人体的一部分或触摸的痕迹。这是近年来出现的一种将形态从“技术语言”转向“感性语言”的表现形式。

形态表现日趋多变，设计对那些能直接影响人们生活方式、激发人们行为的形态语言的需求也不断增加。从人们追求时尚，进而追求“新品”的现象中不难看出人们对丰富形态表现的迫切需求。新材料、新工艺应用和发展又给以后的形态设计提供新的契机和空间。

2.形态构成

公共环境设施是一个由三向矢量围构的实体。它大到城市道路、桥梁、塔，小到标识牌、烟灰缸等。其形态构成是设施外形与内在结构显示出来的综合特征，表现在内涵、关系和形象 3 个方面（图 4-1）。下面简述这三重关系。

（1）内涵。它是环境设施的性质和文化价值观的内在取向，须经人的思考和体味才能感悟的深层内容，是环境设施的附属功能、细部及诸多方面的综合体现，包括：因时、地、使用者和设计者之异而表现出的个性；社会性质及其相关历史、文化、民俗、经济、政治等内在含义；设施所凝聚的美学意义和设计理念。

（2）关系。环境设施造型、组群及与其他环境要素的结合方式。

（3）形象。它是环境设施的外构与内涵通过形象表露出的特征，给人的第一视觉效果，通常是以单体为基本单位，其包括：环境设施通过材料、尺度、平面和空间的布置等，给人留下直观的视觉印象；环境设施的安全性、舒适性和耐久性；设施内外空间的流动和渗透。

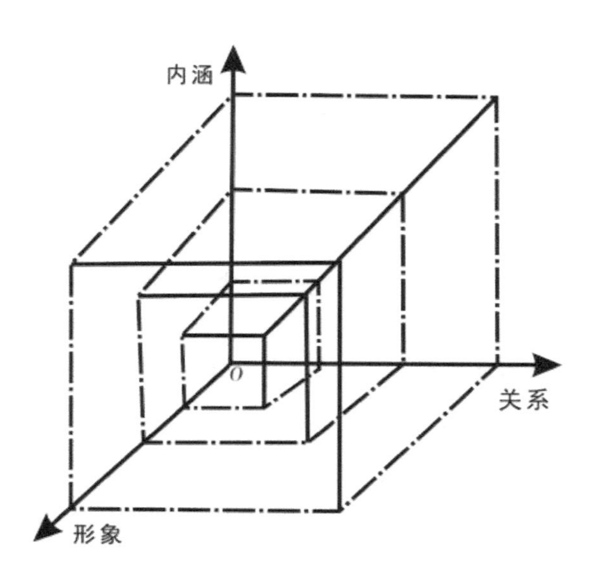

图 4-1　网络构成关系

3.形式美法则

形式美法则即美学原则，是人们在长期的生活实践中总结出来的，具有共性和普遍性的特点。汉斯·萨克塞指出：“物体的美是其自身价值的一个标志，当然这是我们判断给予它的。但是，美不仅仅是主观的事物，它比人的存在更早。”在我们的生活中，虽然每个人对美的选择与看法不尽相同，但是人的社会属性要求人们对物质形态外在的审美情趣趋于一致，这种共同的审美情趣就是形式美法则存在的前提。形式美法则可以为城市街道公共环境设施形态的设计提供美学依据，使公共环境设施的形态更符合人们的审美标准。形式美法则具体表现为如下几个方面。

（1）统一与变化

一件公共环境设施产品的造型构成，是由造型要素的比例分配及单元对整体的关系而确立的。设计师根据产品的功能要求，以及对这一环境设施的销售对象心理的把握，根据自己的美学知识，对公共环境设施进行整体的与细部的构成。这种设计的过程，在形式感上可因循一些美学法则来进行。公共环境设施造型设计是不能以设计师个人美学好恶来决定的，它需要以满足大多数使用对象为前提，而基本的美学法则是大多数人都能接受的，设计师根据这些基本美学法则作延伸或扩张，从而取得较满意的美学效果。形式美的特点和规律，概括起来主要表现为：在变化和统一中求得对比与协调，在对称的均衡中求得统一与变化。

重复是一种统一的形式，将相同的或相似的形、色构成单元，作为规律性的重复排列。个别单元体虽然是单纯简洁的形，但是经过反复的安排则形成一个井然有序的组合，表现出整体的美，使人产生统一、鲜明、清新的感觉。如果能感应音乐的单程节奏，在设计上引申这种音乐的节奏就很容易，这在现代公共环境设施产品中常有体现。当然，人们并不满足这种简单重复的美感，更希望看到有变化的重复，可分为形状重复、位置重复、方向重复 3 种重复造型。有变化的重复、有创造力、有想象力、有独创性的重复，才是设计中求得统一的最有意义的劳动，这就是人们通常讲的韵律美感。

韵律是构成形态的元素连续有节奏地反复所产生的强弱起伏、抑扬顿挫的变化。如果说，节奏有较多理性美的话，那么韵律则着重赋予感情上的色彩。在设计中，人们往往采用连续、渐变、起伏、交错等表现手法来加强形体的节奏感与韵律感。示例如图 4-2 与图 4-3 所示。

图 4-2 具有韵律感的设计（一）

图 4-3 具有韵律感的设计（二）

（2）均衡与对称

均衡与对称是物质为了适应大自然的规律而产生的一种平衡、稳定的力学现象。均衡与对称在自然界中的存在极为普遍，在设计中的应用也非常广泛。

均衡是以中轴线或中心点来保持力量的平衡，左右形态虽不相同，但整体布局给人的视觉感受是相等的。均衡给人安定、平稳，却不失变化的感觉。

对称是以中心线划分，上下左右形体和分量均匀相等。对称是均衡存在的最完美形式。对称的形态稳重、大方，形象完美、和谐，有时会给人呆板的感觉，如建筑中的对称往往使建筑显得比较严肃和庄重（图 4-4）。

均衡与对称在公共环境设施的应用中最为广泛，这种形态不仅能够使设施给人们的感觉更安全，还能使其与环境更易融合，同时加工制造方法较其他形态也更为简单。

图 4-4 对称设计

（3）对比与调和

对比与调和是利用造型中各种因素的差异性来取得不同艺术效果的表现形式，是自然科学及社会科学中，对立与统一规律在形态设计中的具体表现。对比可以表现在形体上的大小、虚实，方向的上下、前后，线型的曲直、疏密，材质的粗细、软硬，色彩的冷暖、明暗，等等。它强调的是物体及各组成元素之间的差异，对比关系处理好了，可以形成鲜明的对照，使主次分明，重点突出，形象更生动，物体的形态也更丰富多彩。

调和就是在对比中找到统一的因素，缩小造型中对比的差异，使对比因素互相接近或有中间的逐步过渡。协调能使设计的各个组成部分之间互相和谐、互相渗透，以展示其共有的、近似的艺术特征，从而给人以协调、柔和的美感。对比与调和还能够强调一个整体中的各个局部的差异，使各个局部固有的个性更为强烈。

在产品的形态设计中，对比与调和是辩证统一的。一个形态中，往往在某些方面采取对比的手法，在另一些方面运用调和的手段，使产品的形态既服从造型的功能要求，又符合产品结构、工艺的合理性和选材的科学性。对比与调和在城市街道公共环境设施的形态设计上的应用，主要体现在体量、形状、线条、肌理、质感、色彩、虚实及方向的设计中。图 4-5 所示是美国随处可见的一款饮水器的设计，对比主要是体现在形态的线条上，支撑架的直与盛水器的曲，支撑架的虚与盛水器的实，都形成了鲜明的对比。但由于整体采用的是统一的材料，在肌理、质感、色彩方面相同，因此在对比的同时又产生了调和，使整个设施的形态富有协调的美感。

图 4-5　美国的自动饮水器

（4）分割与比例

公共环境设施的立体造型各部分的尺寸和人在使用上的关系要恰如其分，既要合乎使用上的要求，又要满足人们视觉上的要求，这就涉及立体造型设计的比例问题。比例的构成条件在组织上含有浓厚的数理概念，但在感觉上表现出恰到好处的完美分割。比例是和分割直接联系着的。数学上的等差级数、等比级数、调和级数、黄金比例等都是构成优美比例形式的主要基础。黄金比例早在古埃及前就存在了，直到 19 世纪，黄金比例都被认为在造型艺术上具有美学价值。20 世纪以来，尽管不断有人对黄金比例提出质疑，但在具体设计中，人们还是常常使用这一规律。根据这个定理，在一个公共环境设施的矩形中，如果两个直角边的比是 1∶0.618，这个矩形就被称为黄金矩形。

把公共环境设施产品外形纳入这一矩形，并适应其内部形态，从平面观点看是可取的，因为这个矩形可进行多种多样的艺术分割。当然，任何规律都不是僵化的，即便被称为“黄金比例”，也有一定的宽容度，设计师可以在 1∶0.618 的基础上伸展或收缩，去追求自己的感觉。示例如图 4-6 与图 4-7 所示。

图 4-6　立柱设计（一）

图 4-7　立柱设计（二）

（5）视错觉的应用

在公共环境设施的整体或局部造型设计中，人们通常使用具有肯定外形的几何形，因为它们容易引人注目。所谓肯定的外形，就是形体的周边比率和位置不能加以任何改变，只能按比例放大或者缩小，如正方形、圆形和正三角形都具有肯定的外形。肯定的外形是美的，但人们往往不满足于此。这时，我们可以利用视觉错误的原理使形体在视觉上发生变化。所谓视觉错误，就是人们看东西所产生的错觉。这可能是由于外界的干扰造成的，也可能是公共环境设施造型本身或眼睛的构造引起的。

横向分割与纵向分割是设计师们常用的两种造成错觉的手段。为了体现薄、精密、秀气、高档，人们在进行公共环境设施的设计时运用横向平行线处理，这样可以在视觉上改变厚度形象，从而达到所希望的形象效果，设计师也要掌握使用者的心理，利用线条、色彩的视错觉来扩充加强外形的变化。利用视觉错误的目的是诱导人们按设计者的意向去观察物体，以达到满意的视觉效果。

众所周知，任何一种主观评价，都以一种相应的价值的客观存在为根据或前提。因此，成功的环境设施外观造型，凝结了设计师的情感。环境设施外观造型的“美”与“不美”一方面取决于人们不同的生活经历、喜好等，另一方面主要体现在是否符合美的社会意识，其形式要与功能相结合，注重色彩、比例、尺度、材料等视觉审美要素及空间给人的心理感受等。具有代表性且为世人所传诵的作品皆出自大师之手，因为它们独具风格，美妙的构图、精致的比例、完美的空间组合无不给人美的感官享受。

二、功能性

一般而言，人们设计和生产产品，有两个起码的要求，或者说产品必须具备两种基本特征：一是产品本身的功能；二是作为产品存在的形态。其中，功能是产品作为有用物而存在的最根本属性。因此，功能决定形态，形态是功能的反映。

谈到城市街道公共环境设施的功能，人们过去常常把它简单地分解成实用、装饰两类，近年来人们才开始把这两者结合起来。城市街道公共环境设施的功能构成主要包括以下 4 个方面，它们彼此区别、相互结合。

1.使用功能

产品是在人们的需求中产生的，产品的存在是因为它能满足人们对某种功能的需要，即产品具有使用价值，而这种价值的实现是依托于其功能的存在，即使用功能。城市街道公共环境设施的使用功能体现在，它直接向人们提供便捷、防护安全及信息传递等服务。如街道上电话亭的设置主要是为通话使用，方便人们外出时联系。路灯的主要用途是在夜间照明道路，以保证车辆、行人安全通过。使用功能是城市街道公共环境设施外在的、首先为人感知的功能，因此也是第一功能。另外，使用功能的重要性还体现在它是公共环境设施分类的标准。

2.环境意象功能

环境意象功能是指城市公共环境设施通过其形态、数量、空间布置等方式对环境予以补充和强化。例如，护柱和路障设施本身就是必须通过组合共同发挥作用的元件设施，所以要以行列或组群的形式出现，对车辆和行人的交通空间进行分化，并对运行方向起引导作用。公共环境设施的环境意象功能是第二位的，往往通过自身的形态构成及特定的场所环境的相互作用强化出来。示例如图 4-8~图4-10 所示。

图 4-8　美国国家美术馆东馆前的隔离墩

图 4-9　天津滨海新区外滩的护栏

图 4-10　上海广场的隔离墩

3.装饰功能

装饰是指城市公共环境设施的形态在环境中起到的衬托和美化作用。例如材质处理、色彩选用及细部的点缀等均属于装饰，它包括两个层面的含义：单纯的艺术处理；与环境特点的呼应和对环境氛围的渲染。护柱和路灯在批量生产中尽管可以做到材料精致、尺度适中，但是放到某一特定街区，它们还需具有反映这一环境特点或设施系统的个性。一般来说，装饰是城市街道公共环境设施的第三功能，然而对某些以街道景观或独立观赏为主要目的的公共环境设施则又是第一位的。示例如图 4-11 与图 4-12 所示。

图 4-11　装饰设计（一）

图 4-12　装饰设计（二）

4.附属功能

附属功能指公共环境设施设备除了主要功能之外，还具有其他使用功能。例如在路灯柱上悬挂指路牌（图 4-13）、信号灯等，或者路灯本身就含有路标，其兼具指示引导功能；甚至在特定的场合，可把阻隔装置、护柱装备照明灯具做成石凳、石墩，供人们休息时使用（图 4-14）；或者放置几块美化环境的怪石作为护柱，从而使单纯的设施功能增加复杂的意味，对环境起到净化和突出作用。

图 4-13 澳门悬挂指路牌的路灯

图 4-14 附属功能设计

公共环境设施功能的设计主要着力于研究公共空间、城市环境和人群行为 3 者的相互关系，着眼于环境、行为及设施设备要素构成的行为场所的塑造。功能设计的目的可以分为如下 3 个层次。

（1）满足人们在城市进行公共活动的基本需求。

（2）构筑一个更符合现代人意愿的公共生活环境。

（3）创造人与人、人与物、物与物之间的交流媒介，并通过媒介来引导、启迪交流与沟通。

我们可以在 3 者综合的基础上进行城市文化氛围的构建，从而有利于城市、区域、文化的系统开发和持续性发展。宜人的公共环境设施功能，对综合空间的整体提高使用效率、增加视觉动感功效、丰富环境语言和增加时代人文气息，具有不可替代的作用。在对公共功能进行设计时，要充分突出设计者对广大使用者细致入微的关怀和对城市健康昂扬的性格进行表现。因此，城市公共环境设施设备是凝结在城市精神文明上的缩影和成果。

公共环境设施设备的设计不能仅仅考虑其使用功能，应充分推敲公共环境设施与环境的关系，同时要关注使用的舒适度和便捷度。因此，以有限的数量对广大地域进行整体规划和布局，选择理想及适宜配置的地点，在公共环境设施设计中就显得十分重要。人群户外活动行为的差异对空间所产生的需求，正是设施的功能特质。公共环境设施的功能设计要充分意识到人群行为习惯的多元性。如人类的行为常常表现为不可被预测或被控制的形态，所以任何设施对不同的人都可能有不同的意义及使用行为的产生。同时，应统筹考虑设施的维修和管理。

三、结构性

1.结构与环境

公共环境设施设计一贯是将功能、形态、结构、色彩、材质、成本等几大环境要素作为追求的指标。公共环境设施设计的指导原则就是在满足人们使用需求的同时，取得良好的视觉效果。而将环境要素作为公共环境设施设计、开发、生产过程中的评价指标，还是近年来的事。这不仅是可持续发展的、宏观的需求，还关系到每个公共环境设施的生产者、使用者的实际利益，也就是重视公共环境设施与环境的关系，环境与人的关系的意义。

（1）外部结构

外部结构不仅指外观造型，还包括与之相关的整体结构。外部结构是通过材料和形式来体现的，一方面是外部形式的承担者，也是内在功能的传达者；另一方面通过整体结构使元器件发挥核心功能。这都是公共环境设施设计要解决的问题范围，而驾驭造型的能力、材料、工艺知识及经验是优化结构要素的关键所在。不能把外观结构仅理解成表面化、形式化的因素，在实际设计中外观结构要受到各种因素的制约。在某些情况下，外观结构不承担核心功能的结构，即外部结构的变换不直接影响核心功能。如电话机、自动取款机、邮箱等不论款式如何变换，其语音传输、取款及邮政功能等不会改变。但是，在另一些情况下，外观结构本身就是核心功能的承担者，其结构形式直接跟公共环境设施效用相关，如各种材质的容器、家具等。自行车是一个典型的例子，其结构具有双重意义，既传达形式又承担功能。总之，外观结构必须在外部条件和内部因素明确的情况下，才有可能进行设计上的操作。

（2）核心结构

核心结构是指由某项技术原理系统形成的具有核心功能的公共环境设施结构。核心结构往往涉及复杂的技术问题，而且分属不同领域和系统，在公共环境设施中以各种形式产生功效，或者是功能件，或者是元器件。如导购机的电机结构及信息结构产生的原理是作为一个部件独立设计生产的，可以看作一个模块。通常这种技术性很强的核心功能部件是要进行专业化生产的，生产厂家或部门专门提供各种型号的系列公共环境设施部件，公共环境设施设计就是将其部件作为核心结构，并依据其所具有的核心功能进行外部结构设计，使公共环境设施达到一定性能，形成完整的公共环境设施结构。

（3）系统结构

系统结构是指公共环境设施与公共环境设施之间的关系结构。前面所指出的外部结构与内部结构分别是一个公共环境设施整体下的两个要素，即将一个公共环境设施看作一个整体。系统结构是将若干个公共环境设施所构成的关系看作一个整体，将其中具有独立功能的公共环境设施看作要素。系统结构设计就是物与物的“关系”设计。

2.常见的结构关系

（1）分体结构：同一目的、不同功能的公共环境设施关系分离。如常规计算机分别由主机、显示器、键盘、鼠标及外围设备组成完整系统，而笔记本电脑是以上结构关系的重新设计。

（2）系列结构：由若干公共环境设施构成成套系列、组合系列、家族系列、单元系列等系列化。人在活动中由于自身的状态和所处的场合不同而有不同的欲求。美国著名心理学家马斯洛（A.H.Maslow）把人的欲求分为5个阶段，指出人的欲求是从低层向高层发展的，满足了低层欲求的人们会有更高一层的欲求。人总是有一种欲求占优势，这种占优势的欲求是人际行为的动力。社交是人类的基本欲求之一。心理学家舒兹把人际关系划分为3类：包容的欲求，即希望与别人交往并建立、维持友好和睦的关系；控制的欲求，即希望通过权力和权威与别人建立并维持良好的关系；情感的欲求，即希望在感情方面与别人建立并维持良好的关系。

环境与公共环境设施设计必须给人们创造良好的人际交往空间，以保证人们在情感方面的交流，维持良好的人际交往关系，满足双方的社交欲求。

四、材料性

材料是人们制作物品的物质，用于制造生产、生活的原料。可以说自然界中一切物质都可被称为材料。由材料的定义可以看出，任何形态的构成都离不开材料，没有材料的形态是毫无实际意义的。公共环境设施的形态是由材料体现的，从古代到现代，从木材、石材到塑料、合金，时代的变迁伴随着材料的更新，不同的材料也体现着不同时代的特色。由此可以看出，材料与形态的关系十分密切，不同的外表材料由于物理性能及化学性能的不同，会出现不同的性格表现，不同质感的材料给人不同的触感、联想感受和审美情趣。

环境设施的进步与新材料的应用密切相关。现代设计常常追求简洁、自然，体现材质美。材质美通过材料本身的表面物性（即色彩、光泽、结构、纹理、质地等）表现出来。正确、合理、艺术地选用材料是使用材料的关键。材料的选择应考虑以下几种因素：满足设计实体的功能；适宜环境的需要；符合工艺加工的技术条件；不同等级设计选择不同档次材料；尽可能选用价格低的材料，降低成本等。当然对环境设施设计而言，如果都使用超高级材料，那么从材料性能、经济价值来说，都是难以负担的。如休息椅不论使用木材或铝板，都可以拥有相同的机能，其差别只在承受重量的差异、耐用时间的长短、成本的高低等方面。示例如图 4-15 与图 4-16 所示。

图 4-15　不同材料的公共环境设施（一）

图 4-16　不同材料的公共环境设施（二）

公共环境设施所用的材料十分丰富，大体分为金属材料、无机非金属材料、复合材料、自然材料、高分子材料等。

公共环境设施普遍使用木材、石材、金属、塑料、陶瓷、玻璃、混凝土等。下面简要介绍公共环境设施材料的使用概况及相关加工工艺。

1. 木材

木材具有肌理效果，触感较好，其材料加工性较强。木材用于休息设施的椅（图 4-17）、凳座面时，因木材长期处于室外环境，深受自然的损害，耐久性差，应选择既经济又具有耐久性的木材。木材经加热注入防腐剂处理可具有较强的防腐性。随着加工技术的不断提高、木材的黏接技术和弯曲技术的飞跃提升，休息设施的形态必将多样化。

木材与其他材料相比，具有多孔性、各向异性、湿胀干缩性、燃烧性和生物降解性等独特性质，因此在选材时要考虑如下技术要求。

（1）有一定的强度、钢性、弹性和硬度，密度适中，材质结构应细致。

（2）有美丽的色泽和纹理。

（3）干缩、湿胀性和翘曲变形小。

（4）加工性能良好。

（5）胶合、着色和涂饰性能良好。

（6）弯曲性能良好。

（7）有较强的抗气候和虫害性。

木材在由制材到制成品的过程中，常需要经过多种加工工艺，其中包括锯削、刨削、尺寸度量和划线、凿削、砍削、钻削、拼接，以及装配和成型后的表面修饰等。

图 4-17 公园木质座椅

2.石材

石材以花岗岩、大理石及普通的坚硬石材为主。石材不仅材质坚实，而且耐腐蚀，抗冲击性强，装饰效果高雅。特别在欧洲，以石为材料制成的座椅与石材建成的古典建筑融为一体，形成了欧洲“文化”的特点。石材由于加工技术有限，一般制成无靠背休息椅（图4-18），方形为主。石材的选择因设置场所、使用的不同而异。其中材料的耐久性、色彩、结构等方面应作为设计时的重要研究因素。

图 4-18 大理石公共座椅

石材除具有很好的内在质量、抗压强度、耐久性、抗冻性、耐磨性和硬度外，其颜色和表面光泽度也是城市街道公共环境设施设计选材中重要的考虑因素。石材的加工工艺主要有锯切、磨抛、雕凿等。

3.混凝土

混凝土属无机材料，其成分含二氧化硅化合物，故又被称为硅酸盐材料。它具有坚固、经济、工艺加工方便等优点，所以在公共环境设施中被普遍应用。但由于材料吸水性强，表面易风化，混凝土经常与其他材料配合作用：铁条为经线构成网状，外浇筑混凝土构成座面；与砂石混合磨光，形成平滑的座面等。图4-19为混凝土花池。

图 4-19 混凝土花池

4.陶瓷材料

陶瓷材料属无机材料。陶瓷是人类最早利用的非天然材料，硬度高，质脆，几乎没有塑性，抗拉强度低，抗压强度高，熔点高，抗蠕变能力强，膨胀系数和导热系数小，承受温度快速变化的能力差，化学稳定性很高，有良好的抗氧化能力，能抵抗强腐蚀介质、高温的共同作用。用陶瓷制作的休息椅、凳，由于烧造工艺的限制，其尺寸不可过大，加之烧制过程中易变形，难以制作较复杂的形态。因为陶瓷材料表面光滑，耐腐蚀，易清洁，色彩较丰富，又具有一定硬度，适合室外设施使用，特别是用在公园休息处，与整体环境较为协调。陶瓷在城市街道公共环境设施中的应用主要是为了体现其丰富的色彩和光泽，使设施具有很好的装饰性，从而更突出其形态。图 4-20 所示座椅的形态具有很强的趣味性和装饰性，让人很想与其接触，但如果缺少了表面陶瓷的装饰，而选用其他的材料，则会使整个设施显得缺乏生命力。

图 4-20 装饰陶瓷的座椅

陶瓷的加工工艺包括捏、塑、挤、压等一系列手法，在色彩装饰上有素胎、单色釉、彩色釉、花釉、釉上彩、釉下彩等多种方法。陶瓷丰富多彩的艺术表现形式和恒久不变的品质，会使城市公共环境设施的形态更富有生命力。

5.金属材料

在现代工业生产中，钢铁占有重要地位。由于它具有良好的物理、机械性能，资源丰富，价格低廉，加工工艺性能较好，因此应用较广泛，环境设施也普遍使用。钢、铁虽均为铁和碳组成的合金，但含量不同，其“性格”有较大差别，可分为纯铁、生铁和钢 3 种。可利用铸铁加工技术制成各种不同形态的休息椅、凳等。由于金属热传导性高，冬夏时节，表面温度难以适应座面要求。现在，冲孔加上金属技术的进步，可制成金属网状结构，与小口径钢管加工成轻巧、曲折的造型，从而导致新形态的产生。铝合金和不锈钢材的成本随着技术的发展也成为当今的环境休息设施中的常用之材，示例如图 4-21~图4-24 所示。

金属的加工工艺包括铸造、塑性加工、焊接和切削加工等，在表面处理方面，主要采用表面着色工艺和肌理工艺。

图 4-21 金属公交候车亭

图 4-22 街道边的金属座椅

图 4-23　公园内的金属雕塑

图 4-24　金属垃圾箱

6.塑料

塑料属高分子材料，包括合成纤维、合成橡胶等。高分子材料的应用促使各种人工合成材料的诞生，有力推进了人类物质文明的发展。塑料又分为通用塑料（包括聚乙烯塑料、聚氯乙烯塑料等）和工程塑料（包括塑料与金属、水泥等组成的复合材料等）。塑料具有可塑性和可调性，可以使用较简单的成型工艺，制成形态较复杂的制品，并可在生产过程中通过改变工艺、变换配方等方法来调整塑料的各种性能，以满足不同需要。另外，塑料具有优良的成型性、加工性、装饰性、绝缘性、耐水性、耐腐蚀性、绝热性等，并且具有现代质感，材质较轻，品种繁多，故日益成为公共环境设施设计中的首选材料，如在环境休息设施中，露天休息场所经常使用靠背塑料椅和移动的塑料凳。不过由于太轻，塑料很少被单独用在城市街道公共环境设施的形态设计中。塑料与其他材料相比，最大的优点就是其可以是透明的。图 4-25 所示的指示牌并未使用不透明材料而采用半透明的塑料，因而有一种发光效果，夜间指示更加醒目。塑料的另外一个优点就是可以通过添加色料的方式使色彩丰富。丰富的色彩是儿童的最爱，再加上塑料质感较轻，相比其他材料对人体的伤害性较小，因此被广泛应用于儿童娱乐设施（图 4-26）中。

塑料的成型工艺主要有注塑成型、挤出成型、压制成型、吹塑成型、热成型、压延成型、滚塑成型、浇铸成型、搪塑成型、流延成型、传递模塑成型和发泡成型。塑料加工工艺的多样化使塑料几乎可以加工成人们想要的任何形状，这为城市公共环境设施形态设计的多样性提供了可能。

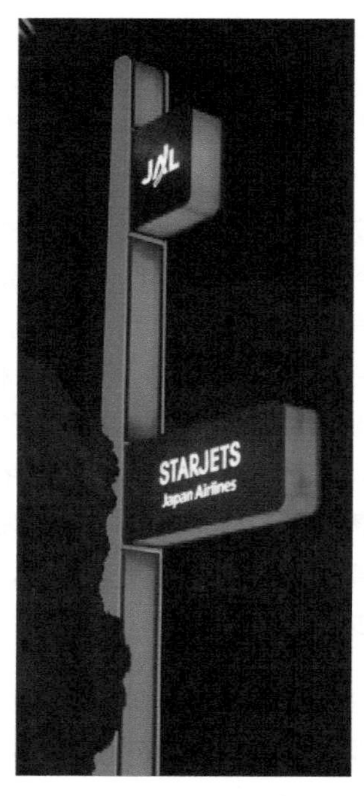

图 4-25　发光指示牌

图 4-26 小区内的儿童娱乐设施

图 4-28 玻璃材质用于公交候车亭

7.玻璃

玻璃在古代又被称为琉璃、颇璃等，是指熔融物经过冷却凝固，形成的非晶态无机材料。玻璃的透光性好，化学稳定性能好，又有良好的加工性能，再加上制造玻璃所用的原料在地壳上分布很广，而且构成玻璃主要成分的二氧化硅的含量极为丰富，价格便宜，所以玻璃在现代人们的生活中极为常见。

玻璃与塑料相比具有高透明性的优点，但因其抗张强度比塑料低，是一种脆性材料，易破碎，故在城市公共环境设施的设计中，玻璃往往被用在一些与人不易接触的设施或部位上，如路灯灯泡、建筑的门窗（图 4-27）等。如图 4-28 所示，公交候车亭的背板采用半透明肌理的玻璃材质，现代感极强。常见的玻璃成型方法有压制成型、吹制成型、控制成型、压延成型等。

图 4-27 玻璃材质店面招牌

五、色彩性

形态作为承载功能的要素在设计中起关键作用，色的因素也应包含其中，形色不可分。例如，人们认知一种产品的属性，往往看到的或想到的只是形，但如果将色的因素抽去，那么对产品形的认知度就会降低或被扰乱。而且，当人们在观察一件产品时，首先映入眼帘的也是这个产品的色彩，其次才是形态。因此，色彩对形态还具有引导作用。

在设计中，人们通常利用色彩增强城市街道公共环境设施形态的表现力，同时对整体的环境起到烘托作用。在运用色彩时，需要对不同地区的民族文化等因素有所认识，结合色彩心理学的相关知识，综合考虑色彩在造型中的调配。

1.色彩的基本知识

色彩是通过眼、脑和人们的生活经验所产生的一种对光的视觉效应。人对颜色的感觉不仅由光的物理性质所决定，而且受周围颜色的影响。

（1）光与色

光色并存，有光才有色。色彩感觉离不开光。

① 光与可见光谱

光在物理学上是一种电磁波。波长为 0.39~0.77 μm

的电磁波才能引起人们的色彩视觉感受，此范围称为可见光谱。波长大于 0.77 μm 的电磁波称红外线，波长小于 0.39 μm 的电磁波被称为紫外线。

② 光的传播

光是以波动的形式进行直线传播的，具有波长和振幅两个因素。不同的波长长短产生色相差别。不同的振幅产生同一色相的明暗差别。光在传播时有直射、反射、透射、漫射、折射等多种形式。光直射时直接传入人眼，视觉感受到的是光源色。当光源照射物体时，光从物体表面反射出来，人眼感受到的是物体表面的色彩。当光照射时，遇玻璃之类的透明物体，人眼看到的是透过物体的穿透色。光在传播过程中，受到物体的干涉时，则产生漫射，对物体的表面色有一定影响。如通过不同物体时产生方向变化，称为折射，反映至人眼的色与物体色相同。

（2）色彩表示方法

色彩的管理是一个庞大而又复杂的工程，为了更全面、更直观地运用和表述色彩，19 世纪德国画家龙格将色彩的两大体系相结合，构成了球状的立体色相模型。随后，各式色立体得以逐步发展与完善。色立体是用三维立体的形式呈现色彩的明度、色相和纯度的关系的色彩体系。

① 色立体的构架方式

明度色阶：色立体的垂直中轴为无彩色明度系列。上白下黑，在其间依秩序划分出从亮到暗的过渡色阶，上半部分为高明度色，下半部分为低明度色。

色相环：色相环由纯色组成，呈水平状围绕中轴，处于色立体的最外围。

纯度色阶：色相环上的色彩与中轴的明度系列色彩水平连接表示纯度，从外而内色彩纯度递减，越靠近中轴纯度越低，越远离中轴纯度越高。

等色相面：每一个色相的饱和色以明度层次下断向上靠近白色，向下靠近黑色，向内靠近灰色，形成共同色相色彩的聚集，即等色相面;若垂直纵切色立体，则可以得到互补色相面。

等明度面：若水平横断色立体，则可以获得一个等明度面。现在世界范围内影响较大、较为完整的色立体有 3 种，即美国的孟塞尔色立体、德国的奥斯特瓦德色立体、日本色彩研究所色立体。

② 孟塞尔色立体

孟塞尔色立体是 1905 年美国的教育家孟塞尔创立的，是目前最科学的表色体系（图 4-29）。

图 4-29　孟塞尔色立体

色相：孟塞尔色立体以红（R）、黄（Y）、绿（G）、蓝（B）、紫（P）5 色为基础，加上它们的中间色相黄红（YR）、黄绿（YG）、蓝绿（BG）、蓝紫（BP）、红紫（RP）共 10 色为基本色相，再将每个色相细分为 10 个等级，分别用序号 1~10 表示，如此可以得到 100 个色相，各色相群的第 5 号色为该色相群的代表色相。如 5R 为该色相群的代表色相红色，1R 为紫红，10R 为橙红，位于色相环直径两端的色相互为补色关系。

明度：位于中心轴的明度系列，从白至黑分为10级，白色为10，黑色为0，9~1是自浅而深的灰色渐变系列。孟氏色立体的每一纯度色相与其等明度的中性灰色水平对应，由于各种色相的饱和度的明度不等，故在色立体上的位置高低不一。

纯度：纯度以中心轴上的无彩色为0，离开中心轴越远，纯度越高。不同的色相，纯度等级各不相同，10处基本色相中红色（5R）的纯度最高，在视觉中可以划分的等级最多，共有14个过渡色阶；蓝绿色（5BG）的纯度最低，只有6个过渡色阶。

③ 孟塞尔色立体色彩表示法

孟塞尔色立体的表色符号中*H*表示色相，*V*表示明度，*C*表示纯度，形式为*HV*/*C*。如5R4/14，5R为色相，4为明度，14为纯度。无彩色用NV表示，实际上NV代表明度为3的灰色。孟塞尔色立体的10个基本色相的表色符号如下：红为5R4/14；黄为Y8/12；绿为5G5/8；蓝为5B4/8；紫为5P4/12；橙为5YT6/12；黄绿为5YG7/10；蓝绿为5BG5/6；蓝紫为5BP3/12；红紫为5RP4/12。

（3）色彩视觉心理

不同波长色彩的光信息作用于人的视觉器官，通过视觉神经传入大脑后，经过思维，与以往的记忆及经验产生联想，从而形成一系列的色彩心理反应。

① 共同感受视觉心理

a. 色彩的冷、暖感：色彩本身并无冷暖的温度差别，是视觉色彩引起人们对冷暖感觉的心理联想。

暖色：人们见到红、红橙、橙、黄橙、红紫等色后，马上联想到太阳、火焰、热血等物像，产生温暖、热烈、危险等感觉。

冷色：人们见到蓝、蓝紫、蓝绿等色后，很容易联想到太空、冰雪、海洋等物像，产生寒冷、理智、平静等感觉。

色彩的冷暖感觉不仅表现在固定的色相上，而且在比较中还会显示其相对的倾向性。如同样表现天空的霞光，用玫红画早霞那种清新而偏冷的色彩，感觉很恰当，而描绘晚霞则需要暖感强的大红了。但与橙色对比，前面两色又都加强了寒感倾向。

b. 色彩的轻、重感：这主要与色彩的明度有关。明度高的色彩使人联想到蓝天、白云、彩霞、花卉、棉花、羊毛等，产生轻柔、飘浮、上升、敏捷、灵活等感觉。明度低的色彩易使人联想钢铁、大理石等物品，产生沉重、稳定、降落等感觉。

c. 色彩的软、硬感：这种感觉主要来自色彩的明度，但与纯度亦有一定的关系。明度越高则感觉越软，明度越低则感觉越硬。明度高、纯底低的色彩有软感，中纯度的色也呈柔感，因为它们易使人联想起骆驼、狐狸、猫、狗等动物的皮毛，还有毛呢、绒织物等。高纯度和低纯度的色彩都呈硬感，如它们明度低则硬感更明显。色相与色彩的软、硬感几乎无关。

d. 色彩的前、后感：各种不同波长的色彩在人眼视网膜上的成像有前后，红、橙等光波长的色在后面成像，感觉比较迫近，蓝、紫等光波短的色则在外侧成像，在同样距离内感觉就比较后退。

实际上这是视错觉的一种现象，一般暖色、纯色、高明度色、强烈对比色、大面积色、集中色等有前进感觉，相反，冷色、浊色、低明度色、弱对比色、小面积色、分散色等有后退感觉。

e. 色彩的大、小感：由于色彩有前后的感觉，因而暖色、高明度色等有扩大、膨胀感，冷色、低明度色等有显小、收缩感。

f. 色彩的华丽、质朴感：色彩的三要素对华丽及质朴感都有影响，其中纯度关系最大。

明度高、纯度高的色彩，丰富、强对比的色彩，感觉华丽、辉煌。明度低、纯度低的色彩，单纯、弱对比的色彩，感觉质朴、古雅。无论何种色彩，如果带上光泽，都能获得华丽的效果。

g. 色彩的活泼、庄重感：暖色、高纯度色、丰富多彩色、强对比色感觉跳跃、活泼有朝气，冷色、低纯度色、低明度色感觉庄重、严肃。

h. 色彩的兴奋与沉静感：其影响最明显的是色相，红、橙、黄等鲜艳而明亮的色彩给人以兴奋感，蓝、蓝绿、蓝紫等色使人感到沉着、平静。绿和紫为中性色，不会使人产生这种感觉。纯度的关系也很大，高纯度色给人兴奋感，低纯度色给人沉静感。最后是明度，暖色系中高明度、高纯度的色彩给人兴奋感，低明度、低纯度的色彩给人沉静感。

② 色彩的联想

色彩的联想带有情绪性的表现，受到观察者年龄、性别、性格、文化、教养、职业、民族、宗教、生活环境、时代背景、生活经历等各方面因素的影响。色彩的联想有具象和抽象两种：具象联想，即人们看到某种色彩后，会联想到自然界、生活中某些相关的事物；抽象联想，即人们看到某种色彩后，会联想到理智、高贵等某些抽象概念。

一般来说，儿童较多具有具象联想，成年人较多具有抽象联想。

2.公共环境设施中色彩的意义

人的五大感觉（视觉、听觉、触觉、嗅觉、味觉）系统，以视觉系统为主。在视觉相关的产品形式中包含着三大要素——形、色、质（材料），在某种情况下，色的重要性大于形和质。当然色与形、质是不可分割的整体，甚至相互依存，但色的作用是不可取代的，因为色彩相对于形态和材质，更趋于感性化，它的象征作用和对人们情感上的影响力，远大于形和质，这在生活中不乏案例。产品一旦进入成熟期，技术上的竞争力就会逐年增长，而继续维系其优势存在的是形和色，如电话机、卫生器、座椅之类的公共环境设施，一旦在技术上趋于成熟，便竞相在造型上和色彩上求变、求新，以增加产品的附加值和竞争力。相比之下，色的变化比形的变化所付出的代价小得多，款式的变化是有限的（受设计、制造与成本的制约），而色的变化是无限的，即便同一种产品，通过色彩设计就可以产生完全不同的视觉效果。企业重新构筑了量产化方式与市场的关系，这也许就是现代量产化的雏形，如在企业里设置外观设计部门，配合组织化的企业营销战略，特别是有的企业还成立了色彩总体策划部门，根据人们特有的心理意识，以区别色彩方案的设计，其意义是深远的。尽管色彩战略究竟在多大程度上影响竞争对手的竞争力还不清楚，但至少为企业应对消费者需求而设立色彩计划部门的举措是一个珍贵的启示：所谓商品，不仅应具有功能品质，而且应具有综合品质，这其中就包含了色彩要素。

设计中的色彩是功能和情感的融合表达，在功能的表现上具有一定的共同认知个性（如红色表示警示，白色表示洁净）。有心理学及相关研究表明：人的视觉器官在观察物体时，最初的 20 秒内，色彩感觉时间占 80%，而形体感觉时间占 20%；2 分钟后色彩占 60%，形体占 40%；5 分钟后各占一半，并且这种状态将继续保持。可见，色彩不仅给人的印象迅速，更有使人增加识别记忆的作用；它还是最富情感的表达要素，可因人的情感状态产生多重个性，所以在设计中恰到好处地处理色彩，能起到融合表达功能和情感的作用，具有丰富的表现力和感染力。色彩是影响感官的第一要素，因此，从城市公共交通角度寻找问题，采取必要措施，改变某些可能改变的城市公共环境设施的色彩，规范城市公共环境设施的色彩，是城市公共交通设施人性化改善的有效尝试。

色彩的意义远不止于此，以上所涉及的仅是宏观的意义，在具体处理产品色彩时还要根据具体目的，使色彩发挥不同的作用。

3.公共环境设施中色彩的作用

（1）辨认性

色彩的视觉感官因素决定了色彩的辨认性特点。色彩是通过光反射到人眼中而产生的视觉感。色彩包括色相、明度、彩度 3 个要素。

色彩是一门复杂的学问，说其复杂，不仅因为色彩本身的多姿多彩，而且色彩可以随着人们情感的不同、认知的差异而千变万化。色彩的原理和特性已被人们自觉或不自觉地在各个领域中应用，并随处可以找到精彩的案例。我国城市很多传统特色旅游区里的公共环境设施通常会被漆成周围建筑的颜色，为的是与周边建筑的色调统一，使公共环境设施融于环境（图 4-30 与图 4-31）。

图 4-30　古建筑旁的休憩椅

图 4-31　步行街上的休憩空间

利用色彩的原理、特征及人们约定俗成的传统习惯，能够更好地辅助街道公共环境设施形态的设计。色彩同形态一样，也有语言功能，也能传达语言。如在垃圾桶的设计中，人们常用绿色表示可回收，黄色表示不可回收。这比单纯靠字体或图案表示更易被人们察觉和辨识。同时，许多指示性色彩已存在国际标准，如红色表示停止，绿色表示通行等。当然，不同地域、民族对色彩的感受和应用有差异，如北方多采用对比鲜明的色彩，而南方多采用比较单一、明度和彩度都较低的色彩。

（2）象征性

色彩的象征作用是明显的，同时也是非常微妙和复杂的。不同民族、不同地区和不同文化背景的人，对色彩的理解是不一样的，但人类的感性具有共通的一面，对色彩的直观感受也存在着很多共性，这正是色彩产生象征作用的基础。色彩的象征性只是相对的，因为人对色彩情绪化的反应是不可测的。纵观时代的变迁，人性化的因素在不断增加，公共环境设施的色彩已逐步从功能化走向情绪化，越来越具有人情味。

象征功能的色彩有些是由色彩本身的特性决定的，有些则是约定俗成的，如我国的邮筒用的是邮政专用绿色（图 4-32），而有的国家则用黄色或红色（图 4-33）。以前，高速公路与普通公路的标牌色彩在欧洲一些国家运用不一，现在统一采用法国的公路色彩标准，即高速公路统一用蓝底白字，普通公路、国道均用绿底白字，我国也逐渐采用这一标准。

图 4-32　中国的绿色邮筒

图 4-33　日本的红色邮筒

另外，色彩的象征性还体现在地域上。如街道上的公共环境设施受区域建筑及环境的影响，色彩也应有相应的变化，有些色彩比较鲜艳，而有些则相对平和暗淡。如图 4-34 与图 4-35 所示，街道整体建筑采用黑白灰的色调，采用黑色框架结构的候车亭并搭配醒目的红色座椅，这样既方便乘客休息候车，又给过往的人们增添视觉的美感。

图 4-34　候车亭

图 4-35　候车亭内的红色座椅

（3）装饰性

色彩具有装饰特性，不仅因为色彩本身具有美感，更重要的是，不同色彩之间的搭配，可以产生对比、调和、节奏、韵律等特点，给人带来不同的视觉效应。色彩在公共环境设施上的应用日益丰富，既使设施本身更富有装饰性，也为装点美化城市环境发挥重要的作用。示例如图 4-36~图4-39 所示。

图 4-36 色彩的装饰性设计（一）

图 4-37 色彩的装饰性设计（二）

图 4-38 色彩的装饰性设计（三）

图 4-39 色彩的装饰性设计（四）

4.公共环境设施产品的色彩设计

如前所述，人们认知一种产品的属性，往往看到或想到的只是形，如果将色的因素抽去，对产品形的认知度就会降低或者被扰乱。长期以来，计算机的色彩大多数为浅米灰色，如果将计算机色彩设计成红色，人们便会感到不可思议。计算机、复印机、传真机等带有办公性质的产品多为灰、黑色系，这里必然有色彩属性与形态属性相一致的原因。

随着追求感性化时代的到来，产品色彩化的倾向趋于明显，出奇、出彩已成为产品设计的一种策略手段。很多厂商开始利用人们潜意识中常常将形、色融为一体的特点，创造强烈的品牌形象。如苹果 G3、G4 计算机的外观设计，突破了人们对该类产品的一贯认识，一改计算机产品理性意味的形与色，赋予新产品以感性意味的面貌。如今市面上有很多相同的设计，当人们将这种形与色的特征移植到其他类型产品上时，仍然是形色相随——将半透明的色和富于感性意味的形同时移植。

以上分析是强调人们在感性上对形与色的认知，而在实际的设计中要进行理性的判断。因为设计者在公共环境设施上使用的色彩，未必是自己所喜好的色彩，而只是一种运用色彩达到预期目的的手段。下面列举几项设计师在产品设计时常用的手法。

（1）同一公共环境设施造型用不同的色彩进行表现，形成产品纵向系列。

（2）同一公共环境设施形态用不同色彩进行各种分割（根据产品结构特点，用色彩强调不同的部分），形成产品的纵向系列。这种色彩的处理方法会在视觉上影响人对形态的感觉，即使同一造型的公共环境设施，人们也会因其色彩的变化而对形态产生不同的感觉。

（3）用同一色系，统一不同种类、不同型号的产品，形成产品横向系列，使公共环境设施具有家族感，是树立品牌形象、强化企业形象的常用手段。即使不同厂家生产的公共环境设施，营销企业也可以用色彩将其统一在本企业的品牌之下。

（4）以色彩区分模块，体现产品的组合性能。

（5）以色彩进行装饰，以产生富有特征的视觉效果。

5.公共环境设施中色彩构成美的原则

人们对美的追求是普遍存在的，公共环境设施中的色彩设计也应该体现色彩构成之美，体现色彩设计的形式之美。形式美在公共环境设施色彩设计中的呈现，是指构成公共环境设施的色彩和色彩之间相互关系所具有的形式美感染力。克拉夫·贝尔说：线条、色彩在特殊方式下组成某种形式，激起我们的审美感情。这种线、色的关系组合，这些审美的感人的形式，可以被称为“有意味的形式”。从欣赏的角度上说，形式美就是审美主体对这种“有意味的形式”的感知。成功的设计作品，总是耐人寻味。

在实际生活中，由于经济地位、文化素质、思想习俗、生活理想、价值观念等不同，人们具有不同的审美观念，然而单从形式条件来评价某一事物或某一视觉形象时，对美或丑的感觉在大多数人中间存在着一种基本相通的共识。这种共识是人们在长期生产、生活实践中积累的，它的依据就是客观存在的美的形式法则，可被称为形式美法则。城市公共环境设施中的色彩设计应遵循普遍的形式美法则，主要包括整齐一律、对称均衡、节奏韵律、对比调和等。形式美并不是一成不变的东西，人们对形式的审美特性的规律性认识，是随着认识的发展而发展的。和谐是形式美表现事物整体对立统一关系的完美形式，取得色彩和谐的途径也多种多样，可以概括为以下几个方面。

（1）和谐来自对比

从色彩视觉的生理角度上讲，互补色的配和是调和的，因为人在看某一色时总是欲求与此相对应的补色来取得生理上的平衡。伊顿说：“眼睛对任何一种特定的色彩同时要求它的相对补色，如果这种补色还没有出现，那么眼睛会自动地将它产生出来。正是靠这种事实的力量，色彩和谐的基本原理才包含了补色的规律。”

（2）秩序产生和谐

由于人生活在自然中，来自自然色调的配色和连续性就成为人视觉色彩的习惯和审美经验。自然界中的景物的明暗、光影、强弱、冷暖、色相等色彩的变化和相互关系都有一定的“自然秩序"，即自然的规律。其变化是有秩序、有节奏且非常和谐的。人们都会不知不觉地用自然界的色彩秩序去判断色彩艺术的优劣。因此，色彩的调和是一种色彩的秩序。

（3）和谐产生节律

在视觉上，既不过分刺激又不过分的暧昧的配色才是调和的。配色好像谱曲，没有起伏的节奏，则平板单调，一味高昂紧张则杂乱、反常。配色的调和取决于是否明快。过分刺激的配色容易使人产生视觉疲劳、精神紧张、烦躁不安，过分暧昧的配色由于过分接近模糊，以致分不出颜色的差别，同样也容易使人产生视觉疲劳，使人不满足、乏味、无兴趣。因此，变化与统一是配色的基本法则。变化里面求统一，统一里面求变化，各种色彩相辅相成才能取得配色美。

（4）变对比为平衡产生和谐

配色的调和与色相、明度、纯度、面积有关。不同的颜色知觉度也不同，按照歌德的纯色明度比数，用黄与紫两个纯色来构成图案色彩的话，面积比是 1:3；用红与绿两纯色来构成图案的话，它们的比是 1:1。因此，要缩小配色中较强的色的面积，扩大较弱色的面积，这是色彩面积均衡的一般法则。当然，色彩的面积均衡的取得是一种创造色彩静态美的方法，如果在一幅色彩构图中使用了与和谐比例不同的配色，有意识让一种色彩占支配地位，就将取得各种富有感染力的配色效果。

（5）满足需求就是和谐

能引起观者审美心理共鸣的配色是调和的。各个时代、各个地区、各个时期，人们对色彩的审美要求、审美理想是不一样的。有时一种新颖时髦的流行色是人们所追求的配色；不同的色彩配合能形成富丽华贵、热烈兴奋、欢乐喜悦、文静典雅、含蓄沉静、朴素大方等不同情调。当配色反映的情趣与人的思想情绪发生共鸣即色彩配合的形式结构与人的心理形式结构相对应时，人们将感到色彩和谐的愉快。因此，色彩设计必须研究不同对象的色彩喜好心理，视情况区别对待，做到有的放矢。总之，配色必须考虑实用性和目的性，如用于交通信号、路标的色彩要求突出醒目，故对比强烈的色彩相配最为适用。

第二节　公共环境设施的行为要素

城市公共环境设施单独存在时只是一种功能载体，它设置于城市中为公众服务。在服务的同时，设施与人的行为产生了相互影响的互动关系。城市公共环境设施的各种产品要素直接影响着人的行为，人的行为也直接对设施产生某种关联。人根据需要创造城市环境，是人的行为决定了公共环境设施。反过来，公共环境设施与空间、行为相结合，才能构成行为的场所，才有实际的社会效益和场所效益。以“环境行为学”的观点来看，即使是街道上的垃圾桶设计，仅考虑尺寸、角度等人机工程学的问题，远不能满足使用者的需要。垃圾投放口的位置是处于顶部还是侧面，是固定的还是可移动的，是高一些还是矮一些，要想正确回答这些问题，需要详细调查人们投放垃圾时的心理活动及行为现象。所以加强对人的行为要素的研究，对城市公共环境设施形态的设计有着重大意义。对人的行为的研究主要包括如下几个方面。

一、行为性

行为性即行为规律。对于行为性的研究，既包括人所表现出来的外显行为，也包括人的内隐行为，如人的思想、情绪、动机、态度、价值、信仰、意见等。行为是人的心理的反应，行为的目的和动机是满足人们的需求，如人需要休息，这样才能恢复体力和精神；人需要消费，是为了满足衣、食、住、行的需要；人需要交往，为的是传递信息、获取经验和知识等。当对行为性的研究应用于城市公共环境设施设计时，这些行为对城市公共环境设施的影响，实际就是充当了人与设施之间的“媒介”：人通过行为对公共环境设施产生需要，公共环境设施又通过与人的行为关系对人的活动产生影响。此时对行为性的研究主要体现在人的需要、意愿、欲求、情绪、心理机制等与城市街道公共环境设施的关系，通过城市公共环境设施的形态设计来使设施更符合人的行为规律，满足人们对设施的要求，提高人类物质生活与精神生活的舒适度、满足度和愉悦度。

对行为性的研究，不同人的行为特点也是不同的，这与他们的文化素养、社会道德规范、期待与实现的可能性等因素有关。因此，在研究时，应对目标群体进行细化分类，以使研究结果更具实用性。例如在对城市公共环境设施设计时，大多数情况下，目标使用群体是不固定的，但是也有特例，如设置在居住区街道附近的健身娱乐设施，既包括专门为儿童设计的益智娱乐设施，也有特别为老年人设计的健身设施。对这两种不同人群使用的设施，在设计时，要考虑人群行为的特殊性，如儿童比较注重设施的趣味性，老年人则更注重它的安全性和操作的便利性。

二、个人空间与人际距离

1.个人空间

个人空间是人心理上所需要的，随着人的走动而不断迁移的最小空间领域。个人空间可以使人在空间中保持适当距离，使个人的“完整性”不受侵犯，并使人际间的交往处于最佳状态。这种适当的距离可以看作个人的“身体缓冲区”。

一般来说，城市上的人际交往的距离主要有以下 4 种。

（1）亲昵距离，指情侣、夫妇、亲子之间的距离。近距离为小于 15cm，可感到对方的体温和气味，表现为拥抱、爱抚；远距离为 15~45cm，表现为亲切的耳语和抚摸。

（2）私交距离，是一般亲属、好友之间的距离。近距离为 45~75cm，远距离为 75~125cm，表现为握手言欢、促膝谈心。

（3）社交距离，指人们进行社交和一般公务活动时所习惯的距离。近距离为 1.2~2.1m，出现在工作关系密切的同事或偶然相识的朋友之间；远距离为 2.1~3.6m，出现在与陌生人处理一般公务或正式社交场合。

（4）公众距离，即公众活动时，人们之间的距离。这种距离常出现在演讲或街道上的一些促销活动中。近距离为 3.6~7.6m，远距离为大于 7.6m。这时人们之间的活动不会受太大影响，除非是想故意引起人们的关注而提高声音或夸大姿势。

2.人际距离

在城市中，人际距离对公共环境设施形态设计的影响，一般存在于设施的形式设计方面，尤其是对休憩设施的形态设计，如休憩椅是 2 座的还是 3 座的，休憩椅的形式是直的还是环形的等。小型的休憩设施在形态设计上考虑的多是个体与个体之间的距离，而较大型的休憩设施则更注重考虑群体与群体之间的人际距离。休憩椅示例如图 4-40~图 4-43 所示。

图 4-40　休憩椅（一）

图 4-41　休憩椅（二）

图 4-42 休憩椅（三）

图 4-43 休憩椅（四）

三、情景性

人在城市中的行为虽有总的目标导向，但在活动的内容、特点、方式、秩序上受许多条件的影响，而呈现出不同的活动类型。

（1）直接目标的功能性活动，如饮食、休息。

（2）间接目标的准功能性活动。这种活动属于必要性活动，但带有一种可选择性和可变性，如购物、参观。

（3）自主性和自发性活动。这种活动是人随当时的时空条件的变化和心态而产生的行为，没有固定的目标、线路、次序和时间的限制，如散步、休闲。

（4）社会性活动。这种活动除了需要本体的行为外，还需要他人的参与，如交谈、寻求帮助。

活动的类型对城市公共环境设施的影响，体现在功能上。不同的活动对设施的要求也是不同的。通过对城市中人的活动的研究可以确定出所需设施的种类，进而设计出相应的形态。

四、设施与人的互动关系

公共环境设施的存在是通过设施与人的互动被感知的。设施与人的这种互动关系，首先体现在功能上，即人对设施的需求；其次体现在设施在满足人们使用功能的同时，还能对人的行为产生引导。在很多情况下，设施的引导能够决定人的行为。例如，当人们看到厕所标识时，便知道附近有公共厕所，只需顺着指示的方向去找就可以。图 4-44 所示的是鸟巢内的一处公共厕所标识，箭头标识方向，图中的图例内容分别代表男用厕所、女用厕所及无障碍厕所，指示明确、简洁，色彩醒目，人们按照箭头方向很容易找到卫生间的所在。再如图 4-45 所示的是鸟巢内部的方位指示标识，当看到标识时，人们能准确地知道自己所在的位置，从而找到自己所要去的方位，特别是在鸟巢这种圆形区域里，这类指示标识就显得尤为重要。

图 4-44 鸟巢内的一处公共厕所标识

图 4-45　鸟巢内部的方位指示标识

设施与人的互动关系，还体现在一些操作性设施上，如电话亭、电子信息查询设施、自动售卖设施、健身娱乐设施等。公共环境设施与人的互动主要通过视觉、听觉、触觉来进行。其中视觉是首位的，这也就体现了形态在设施设计中的重要性。

事实上，公共环境设施对人行为的引导主要体现在形态的语义上，尤其是设计符号的应用。这主要是因为设计符号具有相对的普遍性，比较容易为大众所接受，如导向设施的方向性指示，公共厕所标识中男、女的形象标志，垃圾桶上可循环、不可循环的标识，自助售货机投币口处的图形标识等。尽管某些符号在各地的形式不同，但都存在共通点，以公共厕所标识为例，在不同地区、不同国家、不同城市乃至不同街道，公共厕所标识都存在着很大的差异，但唯一不变的是，这些标识都是采用的男、女两种形象来表示，尽管有些地方使用其他符号，但相对普遍使用的还是性别标志符号，如图 4-46 与图 4-47 所示。

图 4-46　公共厕所指示标识（一）

图 4-47　公共厕所指示标识（二）

设计符号的这种共通性使公共环境设施形态的设计也加入符号的行列，即形态本身就是符号。这种情况最常见的例子就是导向牌的设计。一般在导向设施设计中，方向性是用箭头表示（图 4-48），人们必须走近这种设施，在视线能够识别文字的范围内才能获得方向上的帮助。图 4-49 则不同，其形态让人们一眼就能辨认出这是一个导向设施，而且方向明确，如果需要察看，可以再走近一些以确认具体指示的地点。与图 4-48 相比，图 4-49 中的导向设施更易与人产生互动，而且功能也更明确。

图 4-48　公园指示牌

图 4-49 玉龙雪山景区指示牌

五、人的行为姿态和尺度

公共环境设施中尺度的选择是否合理直接影响其形态的比例，进而影响其使用性和方便性，如垃圾桶的高度是否方便人们丢弃垃圾，休憩椅的座面高度、宽度、背高是否舒适，电话亭的高度、电话放置面的高度是否符合大多数人的使用要求，儿童游乐服务设施是否安全，残疾人的无障碍专用设施是否方便等。这些都需要设计者对人机工程学知识有所掌握。

人机工程学是研究人、机械及其工作环境之间相互作用的学科，通过运用人体测量学、生理学、心理学、生物力学、工程学等学科的研究方法和手段，对人体结构、功能、心理、力学等问题进行综合研究。人机工程学为公共环境设施形态的设计提供人体尺度参数，包括人体各部分的尺寸、体重、体表面积、比重、重心，以及人体各部分在活动时的相互关系和可及范围等。由于不同人群的生理条件和姿态特征存在着差异，因此，要研究人体活动的空间尺度，就必须采用适应大多数人体尺度的标准，并在设计中留有部分余地。对特殊人群如残疾人，应主要考虑坐轮椅者的使用尺度或进行专案设计。

在公共环境设施的形态设计中，应主要考虑的人机因素是人在使用设施时的空间尺度。图 4-50 与图 4-51 是我国常用的人体动态空间尺度数据。在具体设计时，由于公共环境设施功能的不同，其尺寸的参考侧重也应有所不同。例如，电话亭形态的设计与人体尺寸的关系主要体现在以下 3 个方面：一是身高。电话亭的高度必须能够满足绝大多数人的身高需求。在设计上，应主要考虑高个子人的尺寸。二是电话放置面的高度。放置面过高，难以操作；放置面过低，个子较高的人则会觉得不舒服。一般选择身高较矮的人的尺寸为参考，以他们能够操作的最大尺度为基准来进行设计，这样既能满足大多数人的需求，也能使人们在视觉观察上比较舒适。三是空间相对封闭。在公共场所打电话，人们一般希望能有个相对封闭的空间，以使个人活动不受侵犯，但这个空间又不能过于封闭，以免给人造成压迫感和不安全感，电话亭盖沿的设计恰好能够满足人们的这种心理需求。电话亭盖的尺寸一般以人手臂的尺寸为参考，大概半臂的长度。当然还需要考虑特殊人群的需求，例如，给儿童或残障人士设计的公用电话，其安放高度应有所降低。示例如图 4-52 与图 4-53 所示。

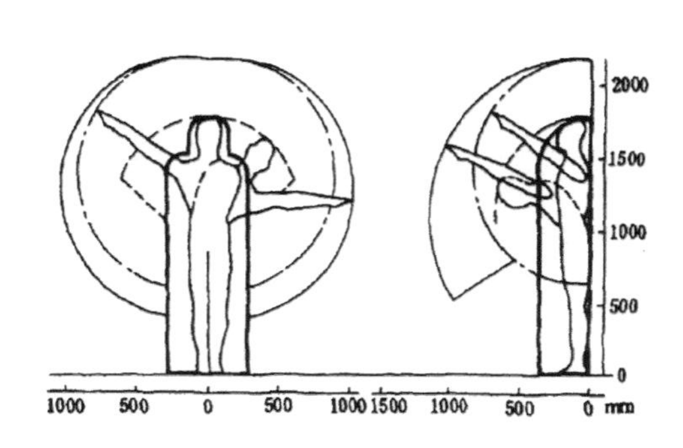

图 4-50 人站姿时的活动空间尺度

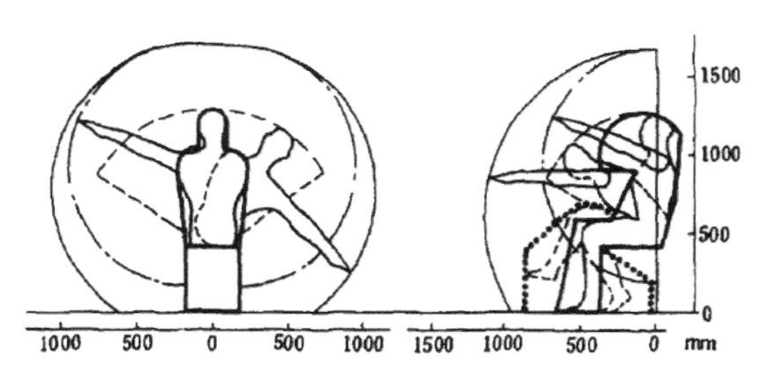

图 4-51 人坐姿时的活动空间尺度

图 4-52　电话亭（一）

图 4-53　电话亭（二）

由此可以看出，人机工程学为城市公共环境设施形态的设计提供了科学的依据，为其功能的实现提供了前提条件，因此，在设计公共环境设施形态时，要严格遵循人机工程学的尺度要求。

第五章
城市公共环境设施的人性化设计

第一节　人性化设计概述

人性化设计就是在提供设计、服务之前应充分考虑人性的需求、人性的弱点、人性的差异及人所具备的自我防护意识，使设计尽可能满足并适应使用者的需求和行为习惯，让使用者在使用过程中感到满足、舒适，并能够保持尊严，从而最终感到愉悦的同时，在环境的潜移默化中修正行为、净化心灵、提高素质。城市公共环境设施设计应以人为中心和尺度，满足人的生理和心理需求、物质和精神需要，确保人们能通过各种行为活动，获得亲切、舒适、愉悦、轻松、安全、尊严、自由的心理感受，使人心理更加健康、情感更加丰富、人性化更加完善，达到人和物的和谐。

“以人为本”作为人性化设计思想的精髓，应该是城市公共环境设施设计的指导思想。它的主旨在于考虑设计问题时以人为中心展开设计思考，以人为中心不是片面地考虑个体的人，而是综合地考虑群体的人、社会的人，考虑群体的局部与社会的整体结合，考虑社会的发展与更长远的人类生存环境的和谐统一，因此人性化设计应该是站在人性的高度上把握设计方向，以综合协调产品开发所涉及的深层次问题。在设计之前应充分了解人性化设计的内涵，要明确人性化设计不仅满足使用者的生理需求，而且还给予他们心灵上的慰藉及情感上的交流。这种情感的交流可以体现在视觉上的享受、设计者与使用者情感上的共鸣，另外地域、文脉的体现及历史文化的展示也是联系城市人群的情感纽带，让人们有更加强烈的归属感和亲切感。因此，人性化设计是一门与人的情感紧密相连的设计思想。

人性化设计并不完全是设计师追求个性风格的产物，其事实上是设计本质的体现，因为设计如果离开了对人要求的反映和满足，便失去了本质意义，因此设计的人性化已成为评判设计优劣的基本准则。美国设计理论家维克多•巴巴纳克早在 20 世纪 60 年代末出版的著作《为真实世界的设计》中明确地提出了人性化设计的 3 个主要问题：其一，设计应该为广大人民服务，而不是为少数富裕国家服务。在这里，他强调设计应该为第三世界的人民服务。其二，设计不仅应该为健康人服务，同时还必须考虑为残疾人服务。其三，设计应该认真考虑地球的有限资源使用问题，应该为保护地球的有限资源服务。他的这几个理论观点也正是人性化设计所追求的目标，即为所有的人（包括健康人、残疾人、老年人、儿童）设计，让他们方便、安全地使用设施，并且在这一程中实现人与环境的结合，这便是人性化设计的本质。

第二节　城市环境设施使用人群特征分析

公共环境设施设计以人的需求为中心，不仅要考虑美观，而且要充分考虑使用人群的需要。老年人、残疾人、儿童是社会的弱势群体，他们有着不同的行为方式与心理状况，如何结合他们的生理与心理特点进行设计，如何使他们在使用设施时感到方便、安全、舒适、快捷，是设计师进行人性化设计时应该认真思考的问题。

一、城市居民的人群细分

城市居民的年龄结构对城市公共环境设施的使用情况有着很大的影响，因此城市居民的人群细分就要从年龄结构上来考虑。

世界卫生组织提出的新的年龄划分标准中规定：44岁以下的人为青年人；45~59岁的人为中年人；60~74岁的人称为准老年人（老年前期或准老年期）；75岁以上的人称为老年人；90岁以上的人称为长寿老人。这个标准既考虑到发达国家，又考虑到发展中国家；既考虑到人类平均预期寿命不断延长的发展趋势，又考虑到人类健康水平日益提高的必然结果。该标准根据儿童心理发展的各个时期的综合特征（活动形式、智力水平个性、生理发展的语言水平等），把儿童发育的年龄阶段划分为乳儿期（从出生到1周岁）、婴儿期（或称先学前期，1~3岁）、幼儿期（或称学前期，3~7岁）、童年期（或称学龄初期，7~12岁）、少年期（或称学龄中期，12~14岁）、青年初期（或称青春期，14~18岁）。

说到“人性化”设计，也就是为全体社会成员服务的设计，除了考虑健康人群的需要之外，也要充分考虑到残障人士的特殊要求，以体现真正的“人性化”。所以从个体的生理状况考虑，又可以将城市居民分为生理上的健康人和残疾人两大类，这两类人都是我们在设计中应平等对待的服务对象。因此，可以根据城市居民的年龄和生理状况将其大体分为两大群体——弱势人群（老、幼、病、残、孕）和相对的健康人群（除弱势群体以外的人群）。

除了在年龄上和生理上将城市居民进行人群细分之外，还可以从性别、文化程度、工作性质、民族、文化背景等诸多方面对社会成员进行人群细分，这些因素都会对城市公共环境设施的“人性化”设计产生或多或少的影响。

二、特殊人群特征分析

1.老年人

目前我国人口老龄化问题日趋严重，与年轻人相比，老年人在生理和心理上都有很大的差异：一方面，随着年龄的增长，老年人的大脑开始变得迟钝，视力、听力等生理器官开始下降，许多老年人开始不适应社会为成年人提供的环境。另一方面，从心理特征来看，由于老年人脱离社会，信息闭塞，同时由于观念的不同，老年人与子女通常容易产生隔阂与代沟，这样他们的内心很容易产生孤独感。由于老年人心理和生理发生了较大变化，他们对城市环境提出了更高的要求，公共环境设施设计就要更多地考虑老年人的一些特殊需求。例如，可以根据老年人喜欢热闹、害怕孤独的心理特点，设置一些不同功能分区的娱乐活动场所，供老年人聊天、下象棋或打太极拳等，以驱散老年人产生的寂寞感；可以根据老年人记忆力、视力减退的特点，在设置场地和设施的标识时采用反差大的色彩，字体加粗等。设计中要考虑的细节还有很多，这些都要求设计师在城市公共环境设施设计时从老年人的心理需求出发，设计出让他们操作舒适、使用方便的公共环境设施（图5-1）。

图5-1 为老年人设置的健身器材与活动空间

2.残疾人

残疾人是指那些由于先天的或其他方面的原因，导致身体某部位功能或精神方面的能力不健全，对日常的个人生活或社会活动，完全不能或一部分不能料理的人。联合国世界卫生组织对一些国家进行了抽样调查，结果显示残疾人约占世界人口总数的10%，当今全世界有5亿多残疾人，其中1亿多人在中国。残疾人有平等参与社会的强烈愿望，无障碍设计是帮助他们实现接触社会、融入社会的愿望的有效手段。作为一个需要人们更多关怀的特殊使用群体，专为残疾人设计的无障碍设施在很多方面都有其特殊的要求。例如，对行动不便利的残疾人，公共建筑物入口处应开辟轮椅通道，取代台阶的坡道（坡度应小于1:12），在盲人经常出入处设置盲道，十字路口设置便于盲人分辨方向的语音设备等，这些都是考虑到残疾人需求的人性化设计。示例如图5-2与图5-3所示。

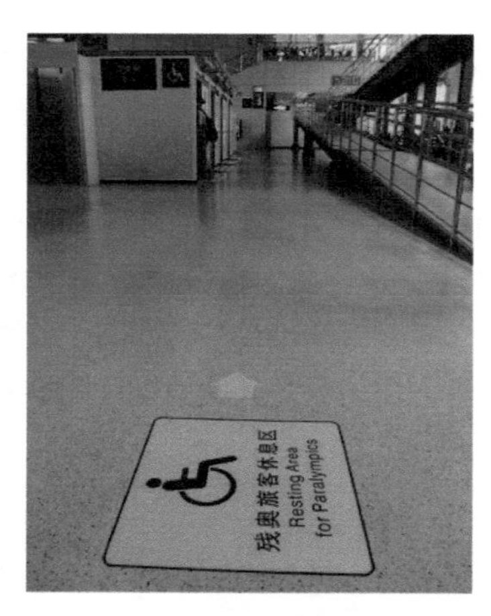

图5-2 残奥会无障碍休息区

图5-3 残疾人专用机动车位

3.儿童

儿童是祖国的未来和希望，“随着社会的进步和生活水平的提高，在物质上给孩子一个属于自己的儿童房不再是可望不可及的事情。但是，在精神上怎样为孩子提供一个适于他们成长的健康空间，使孩子们的情操、个性得到良好的培养，更是一个值得家长、设计师们不断思考的问题”。为了给儿童的正常发育及健康成长提供有益的环境，为儿童提供多样的、有趣味的活动机会，各种娱乐设施的设计在儿童的成长教育中显得尤为重要。针对儿童的生理和心理特点，在设计各种娱乐设施时要考虑一些相关因素。例如：儿童娱乐设施应布置在大人看护的视线范围内，注意设施的安全性以避免各种器械对孩子造成伤害；针对儿童的娱乐设施色彩应尽量亮丽，造型丰富多彩，多运用一些儿童喜欢的造型特征进行设计以吸引他们的注意力；特别是应该布置开发儿童思维能力的设施，以达到寓教于乐的目的。另外应注意儿童游乐设施的耐久性，设施的使用应以儿童的生理特点为标准，尽量集中在一个公共场地中，这样既能满足儿童喜爱集体生活的心理需求，又可以有意识地培养儿童互帮互助的团队合作精神，这些都是设计儿童使用设施时应重点考虑的要素。示例如图5-4与图5-5所示。

图5-4 水上儿童娱乐设施

图 5-5 儿童娱乐设施

三、人体生理感知特点

公共环境设施的人性化设计要考虑人体生理特点，人的眼、耳、鼻、舌、身在感知外界信息方面各有特点。人的认识活动是从感觉开始的，人通过感觉能够了解客观事物的各种属性，如物体的形状、颜色、气味、质感等，因此可以说感知是意识和心理活动的重要依据，也是人脑与外部世界的直接桥梁。

1.视觉感知

在人们认知世界的过程中，大约有 80%以上的信息是通过视觉系统获得的，因此，视觉系统是人与世界相联系的最主要的途径。人们通过眼睛感知距离的远近、明暗、设施的形状与色彩，以及设施的大小等，这些信息直接影响人们对所处环境的感受，以便头脑中做出相应的反馈信息。

2.听觉感知

与视觉比起来，听觉接收的信息要少得多，除了盲人用声音作为定位手段外，大多数人依靠听觉进行相互交往、相互联系等。耳朵的听力还有一定的听觉范围，叫作听觉阈。太远的声音、太弱的声音超出了听觉阈，耳朵都听不到。老年人的听力更差一些。凡是与声音有关的公共环境设施，都应该考虑上述问题。另外，在公共环境设施人性化设计上应尽量多地设置一些抗噪声干扰设备，以解决由噪声引起的社会问题。例如，莫斯科风景桥横跨莫斯科河，人们在桥头安装了红色隔声墙(图5-6)，虚实对比、错落有致。该隔声墙不仅外观漂亮，而且具有良好的隔声效果，极大地降低车辆噪声给周边环境带来的干扰。

图 5-6 莫斯科风景桥的隔声墙

3.触觉感知

触觉是皮肤受到机械刺激而引起的感觉，人们体验环境的重要手段之一就是通过接触从而达到感知物体的肌理和质感的目的。例如，“触觉的特性对盲人来说更为重要，除了盲文等研究外，公共环境设施的无障碍设计就利用了触觉的空间知觉特性。人们在道路边缘、建筑物的入口处、楼梯第一步和最后一步，以及平台的起止处等地方设置了为盲人服务的起始和停止的提示块和导向提示块”。在公共环境设施的人性化设计中，人们对物体舒适度的认知很大部分是由触觉来完成的，因此我们在设计栏杆、公交站台、垃圾桶等设施时，应尽量多地考虑材料的不同选择给人的不同感觉，设施拐角处和细部处理都要尽量满足触觉舒适的要求。示例如图 5-7 所示。

图 5-7 街道上的盲道与设施

4.其他感知

嗅觉也能加深人对环境的体验。人们通过嗅觉体验能识别环境，同时，嗅觉体验影响人们对城市的印象。例如，由于缺乏管理，行人在武汉长江一桥旁边的观景平台上随地大小便，致使周围散发出一股难闻的味道，大大地污染了环境，影响武汉市的形象。

在公共空间中，为了营造一个舒适宜人的环境，可以通过栽植能散发香味的植物，利用湖泊、小溪、喷泉、瀑布、水景等来构筑风景，从而提高环境品质，如图 5-8 与图 5-9 所示。在公共环境设施设计中，应保持水质的清洁，确保每天及时清理社区中的垃圾桶，否则散发出的气味将危害人们的身体健康，而且将大大降低周围环境的品质，这些都是人的嗅觉感知给公共环境设施带来的影响。其他感知还有味觉等感知，都能从侧面影响公共环境设施的人性化设计，在这里不一一展开叙述。

图 5-8 喷泉

图 5-9 绿植

四、人的心理与行为特点

人在城市公共空间环境中起着主导作用，从人的行为产生与发展的角度看，人的一切行为都来自于自身的需要和心理的变化。理想公共空间的设计与创造是为了满足人多样化的行为和心理需求，同时环境质量的好坏在一定程度上又影响着人的行为活动。人在公共环境中的心理与行为尽管存在个体之间的差异，但从总体上分析，仍然具有一定的共性，仍然具有相同或类似的行为方式，这也正是我们进行设计的基础。

人在公共空间中的活动主要表现有两类，即心理活动和行为活动。心理活动是指人们对环境的认知和理解，行为活动是指人们在环境中的动作行为。人对环境的要求有两方面：一是物质方面，即环境设施本身设备比较齐全，方便高效，发挥其使用功能；二是精神方面，即公共环境设施通过造型、色彩、材料等蕴含着人对环境的知觉与情感的信息，使人产生心理满足和精神上的享受。不同的环境空间都必须满足人们寻求各种体验的内心需求，主要包括如下体验。

（1）生理体验：体能锻炼、呼吸新鲜空气等。

（2）心理体验：缓解工作压力，追求宁静、松弛、赏心悦目的愉快感。

（3）社交体验：交流、发展友谊、自我表

现等。

（4）知识体验：学习历史、文化、认识自然现象等。

（5）自我实现的体验：发现自我价值，产生成就感及归属感等。

人们对环境的感受，可以不经逻辑推理只凭直觉或按个性、心理需求而对空间做出回应。如交通要道设置过长的护栏，给行人造成极大不便，于是出现了翻越护栏等现象，极易造成交通事故和人员伤亡。因此，只有通过研究公共空间中人的心理活动和行为活动，才能设计出最佳公共环境设施方案，达到人与环境的协调统一。另外，公共环境设施设计的错位会导致人们出现不文明行为，从而对公共环境设施造成不同程度的破坏。因此，城市公共环境设施的设计应加强以人为本的意识，提高对人的关注度（包括对人们行为方式的尊重），以寻找合理的设计方案。如果设计师把这些元素融入设计理念中去，无疑会为环境的保护与有序的治理带来意想不到的效果。

第三节 人性化设计应考虑的主要因素

一、心理学因素

1.需求与动机

设计的对象是产品，但设计的出发点和最终目的并不是产品，而是满足人的需求。人的需求是设计赖以生存和发展的最深层的心理基础，是人类行为的基础和动力，同时也是设计的基础和动力。当代心理学研究表明，人的行为是由动机支配的，而动机的产生主要根源于人的需求。人的行为一般都带有目的性，人们常常是在某种动机的策动下为了达到某个目标而付诸行动。因此，需求、动机、行为、目标构成一个人类行为的活动结构，呈循环和发展态，如图 5-10 所示。

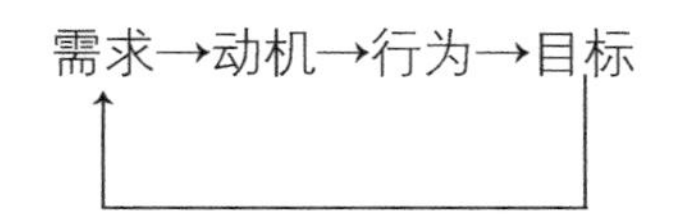

图 5-10 人的需求动机循环图

需求一般可分为物质需求和精神需求两大类。物质需求的核心是维持生命存在的生理性需求，也间接包括那些最终服务于生理性需求的其他需求，如对劳动工具的需求。精神需求的实质是维持和确立个体社会性存在的心理需求，如社会尊重等。人性化设计就是“以人为本”，从人的具体需求进行设计，以最大限度满足人的物质和精神需求作为最终目的。

人的需求是有层次的，一般来说人在满足了较低层次的需求之后就会有更高层次的需求。

人本主义哲学家马斯洛将人的需求分为如下 5 个层次。

（1）生理需求。人的需求中最基本、最强烈、最明显的是对生存的需求。人们需要不同的感官快乐，如品尝、抚摸等，这些都是影响人类行为的生理需求。

（2）安全需求。在生理需求相对充分地获得满足后，人就会出现一种新的需求，即安全需求。安全需求的直接含义是避免危险和生活有保障。当人的安全需求得不到相应满足时，人的行为目标将统统指向安全。

（3）归属与爱的需求。它产生于生理需求和安全需求得到很好的满足之后。处于这个需求阶层的人，渴望得到环境的认同、接受，渴望与周围的人建立良好和谐的人际关系。如果这一需求得不到满足，人们就会产生强烈的孤独感、疏离感。

（4）尊重需求。它包括自尊、自重和来自他人的敬重。

（5）自我实现的需求。这是人最高层次的需求，是人对于自我发挥和完成的欲望，也是人使自己的潜力得以实现的倾向。

这5类需求由低到高依次排列成一个阶梯，低层次的需求获得满足后，才有可能发展下一个高层次的需求。在我国，很早就有人发表过与需求相关的理论，例如著名思想家墨子曾经说过的“衣必常暖，后求丽，居必常安，而后求乐”，便阐述了人类需求满足的这种先后层次关系。

2.情绪与情感

情绪与情感是客观对象与主体需求之间关系的一种反映。情绪是同有机体生理需求相联系的体验，例如，进食的满足会引起愉快的体验，而危险情境则导致恐惧的体验。情感是一种相对稳定的内心体验，主要与机体的精神需求有关，并且受社会存在的制约，如道德感、理智感和美感等。一般而言，情绪是情感的外在表现，情感则是情绪的本质内容。在日常生活中，情绪与情感这两个概念往往互通使用。人的情绪或情感具有一个重要的性质，即两级性。一般而言，凡能符合主体需求或愿望的对象，会引起具有肯定性质或积极性质的体验，相反，凡不能满足主体需求或愿望的对象，则会引起具有否定性质或消极性质的体验。前者表现为喜悦、喜爱、愉快、满意等，后者表现为悲哀、愤怒、恐惧、不满等。因此，在设计中要充分研究设计对人们可能引起的各种情绪与情感体验。例如公共座椅的色彩设计，除了要考虑功能方面的要求和环境条件的限制之外，还要考虑色彩对人们的情感刺激。

二、人机工程学因素

人性化设计观念首先考虑的是人们需求的动机因素，其次便是人与产品之间的关系因素。这方面的因素就是人机工程学因素。人机工程学的原则和方法应用可以使产品设计更趋合理化，使富于人性化的设计成为可能。

产品的设计重点一般应侧重在使用者方面。一般来说，有反复性或持久性的使用动作，都会受到人体尺寸的影响，这包括静态和动态两种人体测量尺寸数据的影响。设计时要考虑产品能满足大多数使用者的使用适宜性要求，这是人机工程学对设计的第一方面的影响因素。此外还有心理、环境、精神方面的影响因素等。在具体设计中要考虑如下5个人机工程学因素。

（1）运动学因素，即研究动作的几何形式，探讨产品操作上的动作形式、人的操作动作轨迹，以及与此有关的动作协调性和韵律性等。

（2）动量学因素，即研究动作与所产生动量的问题。

（3）动力学因素，即主要讨论产品动态操作上所需花费的力量、动作的大小等。

（4）心理学因素，即主要探讨操作空间和动作等对人的安全感、舒适感、情绪等的影响。

（5）美学因素，主要指在心理感受的基础上，在形态的设计方面如何满足人的精神审美要求。

三、美学因素

产品形象必须将通俗的美学观念透过产品形象予以满足和提高，开拓艺术的范围和影响，改变审美的价值观念。产品设计的审美探讨就是要突破固定的美的表现形式，将美学的规律和理想通过产品形式加以表达，塑造技术与艺术相统一的审美形态。

美学是一种研究、理解“美”的学问。对产品设计问题而言，它是以人为主要对象、评判产品美的水准及塑造美的方法，其中涉及人的视觉、听觉、触觉及其所感受对象。因此，产品设计中的美学问题表现在很多方面。从人性化设计思想上来考虑，产品设计中最主要的是研究符合人的审美情趣的因素，主要包括以下几点：视觉感受及视觉美的创造；审美观及美感表现；听觉感受及听觉美的创造；触觉感受及触觉美的创造；美的媒介及美学特征的发挥；美的形式；美感冲击力及人的适应性；美学法则和方法。

四、环境因素

环境有自然环境和社会环境之分。环境因素在宏观和微观上影响着产品的设计。产品要与环境相协调并促使人与环境的融合，达到人－产品－环境的和谐统一。

自然环境是环绕于人们周围的各种自然因素的总和。这些因素有大气、水、植物、动物、土壤、岩石矿物、太阳辐射等，是人类赖以生存的物质基础。如今环境污染和生态破坏问题越来越严重，为了保护自然的生态环境，治理和控制污染，人们形成相应的生态技术。生态技术又被称为环境保护技术、绿色技术、清洁技术等。图 5-11 所示是奥运场馆周边的太阳能充配电站，它充分利用清洁能源、保护了环境，充分体现了北京奥运会绿色奥运的主题。

人类是自然的产物，而人类的活动又影响着自然环境。在自然环境的基础上，人类通过长期有意识的社会劳动（加工和改造自然物质，创造物质生产体系，积累物质文化等）所形成的社会环境体系，是与自然环境相对的概念。社会环境包括人的城市、建筑、行为、风俗习惯、法律和语言等，对产品设计产生着重大的影响。每一个国家、每一个民族、某一地域都有其特别的传统、习俗及价值观念等，这种特定的文化特征影响着产品设计的风格、观念及定位等方面。因此，设计必须符合社会环境的特点，反映时代特征、民族特色，与其协调。此外，还应该看到，人性化的设计思想的根本目的并不仅仅是适应，还在于提高人们的生活质量，包括提高民族的文化素养，使人们的价值观念更为合理、进步。图 5-12 所示为日本的分类垃圾箱，其投放口不同造型的设计显示出对垃圾分类的指导和规范，让人们在投放时养成习惯，提高环保意识。由此可见，设计不仅是为了造型，更是为人们提供一种新的生活方式。

以上分析表明，人性化设计要以人为本，考虑人和环境因素，从物理层面、精神层面、自然环境及社会环境方面着手，综合运用人机工程学、心理学、美学、生态学、社会学等学科的知识进行设计，满足人们的自然需求和社会需求，实现人的价值。

图 5-11　奥运场馆周边的太阳能充配电站

图 5-12　日本的分类垃圾桶

第四节　公共环境设施设计人性化的思想内容

公共环境设施作为人们在城市公共空间中进行户外活动而需要的设施，不论它的使用者是老年人、残疾人还是儿童，都应该具有能满足大多数户外环境和大部分人需求的一些特征，这些特征有助于营造自由平等的氛围，使社会充满人文关怀。公共环境设施设计人性化的思想内容包括安全性、舒适性、识别性、和谐性、关爱性；可以说这些是公共环境设施设计的主体，是放之四海而皆准的道理，是必须首先考虑和遵守的。

一、安全性

安全是人类生存的首要条件，没有安全性也就谈不到其他各方面的特征。一方面，任何设施的功能都要满足包括儿童、老年人、残障人在内的所有人的安全方面的需求，尽量做到适合不同人的需要，达到无障碍设计的要求，提高安全性等级。另一方面，在造型、色彩和材料使用上，设施都不应该给使用者造成任何身体上或心理上的伤害。例如，北京和广州的地铁设施都充分考虑到乘客乘坐过程中的安全性，如图 5-13 与图 5-14 所示。

图 5-13　北京地铁

图 5-14　广州地铁

二、舒适性

城市公共环境设施的舒适性是指人们使用上的感受，要让居民体验轻松、安逸的居住生活，避免受到外界杂乱环境的侵害。这种使用上的舒适包括各种设施是否以人体工程学的原理创造使用的功能，是否从环境心理学的角度创造满足人们活动的空间。这些都直接关系到户外空间中的城市公共环境设施的效能的发挥，从而影响城市居民户外生活的质量。例如：公共座椅的造型曲线符合人体的背部曲线，采用木质的材质，避免椅子表面在冬天时太凉，而使人们不敢接近（图 5-15）。

图 5-15　公共座椅

三、识别性

城市公共环境设施的识别性同样决定着它的使用效能的发挥。识别性强的公共环境设施能够引导居民正确地操作和使用环境设施，一方面，提高了设施的利用率，做到物尽其用；另一方面，也能有效地防止由于操作或使用不当而造成的人为破坏，以延长使用寿命。例如，上海虹桥机场的清洁车，其中盛放洁具和废弃物的容器采用了明亮的黄色（图 5-16），而信息查询机则采用了醒目的湖蓝色（图 5-17），从色彩上就具有很强的识别性。

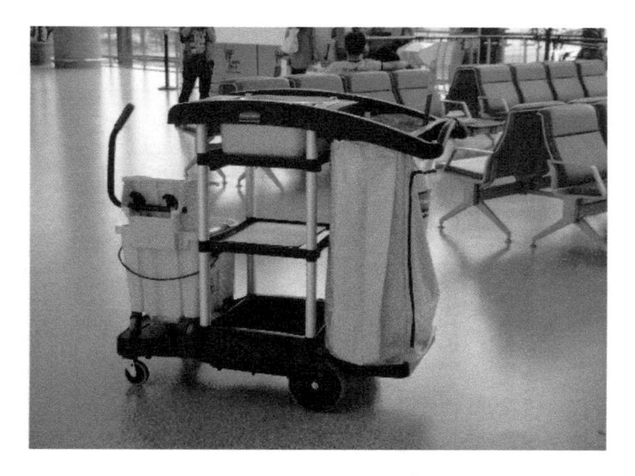

图 5-16 上海虹桥机场的清洁车

图 5-17 上海虹桥机场的信息查询机

四、和谐性

这里所说的和谐性包括 3 层含义：首先，是公共环境设施本身各造型要素之间的和谐。形态、材料和色彩本身都应具有一定的属性和特征，保持和谐（图 5-18）。例如，将软性的材料、柔和的色彩、富有力度的直线形结合在一起来塑造形态，就显得不是很和谐。其次，是公共环境设施之间的和谐。由于处于同一个环境，即使功能和使用对象不同，这些公共环境设施也应该在形态、材料和色彩等方面尽量做到和谐与统一（图 5-19）。最后，是公共环境设施与环境之间的和谐。公共环境设施是在某一特定环境中使用的设施，和周围环境格格不入的公共环境设施不能被称为好的公共环境设施。好的公共环境设施在具备安全性、舒适性和识别性的同时，也应该具备将人工物和自然环境有机结合的特征（图 5-20）。

图 5-18 和谐性示例（一）

图 5-19 和谐性示例（二）

图 5-20　和谐性示例（三）

五、关爱性

城市公共环境设施作为供“人”使用的户外设施，终极目标就是在城市户外生活中引入人文关怀理念，加入对人性的理解和关爱，对人在户外的生存状况的关注、对人的尊严、价值、命运的维护、追求和关切，尊重人、爱护人、理解人、关心人，对符合人性的户外生活条件的高度珍视，对全面发展的理想人格的肯定和塑造。例如，在公共场所设置的吸烟区，既是对吸烟者的尊重，也是对不吸烟者的关爱（图 5-21）。要创造一种人与人、人与社区、人与技术、人与自然环境、人的内在身心之间的和谐关系，宣扬审美的生活方式，努力为全体市民营造自由、轻松、安全、舒适、平等、和谐，能使人的自由、平等、尊严、善良、关爱等美好价值得到充分发挥和体现的、适宜人居的城市生活环境，从而极大地提高人们的生活品味。示例如图 5-22 与图 5-23 所示。

图 5-21　公共场所设置的吸烟区

图 5-22　机场免费报刊架

图 5-23　奥运公园设置的移动公厕

第六章 城市公共环境设施的自然生态性

自然的地域特征是一个城市形态的基本特点，是形成城市环境特色美的基础，也是在城市环境设施设计中需要尊重的前提。自然特征是塑造一个城市环境景观的依据，同时也是一个城市区别于其他城市的基本要素。

随着城市环境的恶化，“生态城市”作为一个时尚的名词成为中国各个城市的城市环境设计策略，纷纷纳入城市形象战略中，越来越多的城市开始关注城市的生态环境，提倡建设生态街区。城市环境设施不仅是城市不可缺少的家具，更应该是一种生态型的城市景观。如今在发展环境保护技术、开发可提高城市环境质量的新型材料与施工方法等的同时，人们对城市公共环境设施设计也越来越要求环保、自然、节能、生态。

第一节　自然环境与生态环境

一、自然环境的概念

如前所述，环境分为自然环境（natural environment）与社会环境。自然环境是社会环境的基础，而社会环境又是自然环境的发展。自然环境是环绕人们周围的各种自然因素的总和，是人类赖以生存的物质基础。通常把这些因素划分为大气圈、水圈、生物圈、土壤圈、岩石圈等 5 个自然圈。人类是自然的产物，而人类的活动又影响着自然环境。

在地表上各个区域的自然环境要素及其结构形式是不同的，因此各处的自然环境也就不同。低纬度地区每年接受的太阳能比高纬度地区多，形成热带环境，高纬度地区形成寒带环境。雨量丰沛的地区形成湿润的森林环境；雨量稀少的地区形成干旱的草原或荒漠环境。高温多雨地区，土壤终年在淋溶作用下呈酸性；半干旱草原地带，土壤常呈中性或碱性。不同的土壤特征又会影响植被和作物：在广阔的大平原上，表现出明显的纬度地带性；在起伏较大的山地，则形成垂直景观带（图 6-1）。

图 6-1　垂直景观带

二、生态环境的概念

生态环境（ecological environment）是指影响人类生存与发展的水资源、土地资源、生物资源，以及气候资源数量与质量的总称，是关系到社会和经济持续发展的复合生态系统。生态环境问题是指人类为其自身生存和发展，在利用和改造自然的过程中，对自然环境破坏和污染所产生的危害人类生存的各种负反馈效应。生态环境与自然环境在含义上十分相近，有时人们将其混用，但严格说来，生态环境并不等同于自然环境。自然环境的外延比较广，各种天然因素的总体都可以说是自然环境，但只有具有一定生态关系构成的系统整体才能被称为生态环境。仅有非生物因素组成的整体，虽然可以被称为自然环境，但并不能被称为生态环境。

生态地理环境是由生物群落及其相关的无机环境共同组成的功能系统或称为生态系统。在特定的生态系统中，当生态环境发展到一定稳定阶段时，各种对立因素通过食物链相互制约，物质循环和能量交换达到一个相对稳定的平衡状态，从而保持生态环境的稳定和平衡。如果环境负载超过了生态系统所能承受的极限，生态系统很可能弱化或衰竭。人是生态系统中最积极、最活跃的因素，在人类社会的各个发展阶段，人类活动都对生态环境产生影响。特别是近半个世纪以来，由于人口的迅猛增长和科学技术的飞速发展，人类既有空前强大的建设和创造能力，也有巨大的破坏和毁灭力量。因此，环境问题已成为举世关注的热点。有民意测验表明，环境污染的危胁相当于第三次世界大战，无论是在发达国家，还是在发展中国家，生态环境问题都已成为制约经济和社会发展的重大问题。

第二节　城市的自然形态之美

城市的自然环境是构成环境景观的重要因素，任何一个城市都是一定的地理环境的产物，都要凭借一定的自然资源条件才得以存在和发展。不同的地理位置影响着城市的布局、功能结构和面貌，特别是一些有特色的山水，常常成为城市开发和发展的重要依据。如杭州的西湖、厦门的鼓浪屿、大连的渤海湾、镇江的北固山等，它们之所以成为富有特色的名胜，美丽的自然风光是一个不可缺少的重要因素。不仅如此，自然资源的不同、气候的差异也在很大程度上影响着各个城市建筑物的布局和外观。建筑群与周围自然环境的结合，反映了人与自然的和谐关系，也形成了丰富多彩的地方特色。城市的自然景观是城市的一个重要组成部分，随着城市的发展，一定要不断保护、开拓和突出城市的自然风景区，自然美与人工的裁剪和再创造，使城市的景观更加引人入胜。作为城市环境的设计师，首先要了解一个城市的自然环境，熟悉各个方面，包括任何地块、景色场地和景观区域，这样才能在设计中本能地反映出其自然特征、限制因素和所有可能性；只有在城市的自然资源利用的基础上，才能发展一系列人工环境与自然风貌之间的和谐关系，强化一个城市的场所感，增加城市的可感受特点，让城市的整体形态给人留下深刻印象。对于城市因地制宜的环境改造和设计，是形成城市环境美的有效方式。

中国古人对自然环境的崇拜是由来已久的，“天人合一”思想境界的追求、“顺其自然”的人生哲学，以及对“秩秩斯干，幽幽南山”生活方式的向往，都表明自然环境对人相当重要。“尊重自然、研究自然、模仿自然、寓于自然”成为现代设计的理念，“雨淋墙头月移壁”的境界成为都市人的生活向往。随着城市化的不断深化，越来越多的人将生活和居住在城市里，城市居民与自然越来越遥远，如果能够充分认识到自然美对人们的重要性，在城市里和周围保留自然风光，城市环境必然会为城市居民提供更多的审美享受，得到居民更多的认同和热爱。

自然环境是地球内应力和外应力相互作用的结果，由地形、地势、气候、水土等自然因素组成。不同的地形地貌和地理环境特点使不同的地区具有不同的自然资源，公共环境设施的设计需要考虑这方面的因素。在公共环境设施设计时，如果能巧妙运用具有地域特色的自然资源，就会为公共环境设施设计增添不少光彩。示例如图 6-2~ 图 6-5 所示。

图 6-2　巧妙运用自然资源的公共环境设施（一）

图 6-3　巧妙运用自然资源的公共环境设施（二）

图 6-4　巧妙运用自然资源的公共环境设施（三）

图 6-5　巧妙运用自然资源的公共环境设施（四）

自然环境因素和公共环境设施之间存在必然的联系，由于各地域气候差异、地理环境的不同，人们在使用这些设施时会面临不同问题，因此在设计公共环境设施时必须全面考虑自然环境因素。例如，我国南方地区气候炎热多雨，环境设施在造型上就必须考虑既通风透气又遮挡强烈的阳光；我国北方地区气候寒冷干燥，公共环境设施设计时应多考虑实用性，即防寒防冻。不同地区都有不同的地理特点，地理特点不同造成各地公共环境设施的设计也有所不同。所以公共环境设施设计应考虑周围的自然环境，注意设施与自然环境的和谐统一，既顺应自然环境，又有节制地利用和改造自然环境，达到“天人合一”即自然环境与人生活的和谐统一。示例如图 6-6 与图 6-7 所示。

图 6-6　考虑自然环境因素的公共环境设施（一）

图 6-7 考虑自然环境因素的公共环境设施（二）

第三节 生态城市——人与自然的和谐环境

一、生态城市的概念

从广义上讲，生态城市（ecological city）是建立在人类对人与自然关系更深刻认识基础上的新的文化观，是按照生态学原则建立起来的社会、经济、自然协调发展的新型社会关系，是有效地利用环境资源实现可持续发展的新的生产和生活方式。从狭义上讲，生态城市是按照生态学原理进行城市设计，建立高效、和谐、健康、可持续发展的人类聚居环境。

“生态城市”这一概念是在 20 世纪 70 年代联合国教科文组织发起的“人与生物圈（MAB）”计划研究过程中提出的，提出后立刻受到全球的广泛关注。关于生态城市的概念众说纷纭，至今还没有公认的确切的定义。生态学家杨尼斯基认为生态城市是一种理想城模式，其中技术与自然充分融合，人的创造力和生产力得到最大限度发挥，而居民的身心健康和环境质量得到最大限度保护。中国学者黄光宇教授认为，生态城市是根据生态学原理综合研究城市生态系统中人与“住所”的关系，并应用科学与技术手段协调现代城市经济系统与生物的关系，保护与合理利用一切自然资源与能源，提高人类对城市生态系统的自我调节、修复、维持和发展的能力，使人、自然、环境融为一体，互惠共生。

生态城市的发展目标是实现人与自然的和谐，包括人与人的和谐、人与自然的和谐、自然系统的和谐 3 个方面的内容。其中，追求自然系统的和谐、人与自然的和谐是基础和条件，实现人与人的和谐是建设生态城市的目的和根本所在，即生态城市不仅能“供养”自然，而且能满足人类自身进化、发展的需求，达到“人和”。生态设施示例如图 6-8 与图 6-9 所示。

图 6-8　石林峡生态宣传标识

图 6-9　石林峡生态雕塑

二、生态城市的特点

生态城市具有和谐性、高效性、持续性、整体性、区域性、结构合理、关系协调 7 个特点。

1.和谐性

生态城市的和谐性不仅反映在人与自然的关系上，人虽然与自然共生共荣，但更重要的是，在人与人的关系上，人回归自然，贴近自然，自然融于城市，生态城市可以营造满足人类自身进化需求的环境，使社会充满人情味，文化气息浓郁，拥有强有力的互帮互助的群体，富有生机与活力。生态城市不是一个用自然绿色点缀而僵死的人居环境，而是关心人、陶冶人的“爱的器官”。文化是生态城市重要的功能，文化个性和文化魅力是生态城市的灵魂。这种和谐乃是生态城市的核心内容。

2.高效性

生态城市一改现代工业城市“高能耗”“非循环”的运行机制，提高一切资源的利用率，物尽其用，地尽其利，人尽其才，各施其能，各得其所，优化配置，物质、能量得到多层次分级利用，物流畅通有序，废弃物循环再生，各行业各部门之间通过共生关系进行协调。

3.持续性

生态城市是以可持续发展思想为指导，兼顾不同时期、空间，合理配置资源，公平地满足现代人及后代人在发展和环境方面的需要，不因眼前的利益而采取“掠夺”的方式促进城市暂时“繁荣”，保证城市社会经济健康、持续、协调发展。

4.整体性

生态城市不是单单追求环境优美或自身繁荣，而是兼顾社会、经济和环境三者的效益，不仅重视经济发展与生态环境协调，更重视对人类质量的提高，是在整体协调的新秩序下寻求发展。

5.区域性

生态城市作为城乡的统一体，其本身即为

一个区域概念，是建立在区域平衡上的，而且城市之间是互相联系、相互制约的，只有平衡协调的区域，才有平衡协调的生态城市。生态城市是以人与自然的和谐为价值取向的，从广义上讲，要实现这个目标，全球必须加强合作，共享技术与资源，形成互惠的网络系统，建立全球生态平衡。广义的要领就是全球概念。

6.结构合理

一个符合生态规律的生态城市应该是结构合理的，包括：合理的土地利用，好的生态环境，充足的绿地系统，完整的基础设施，有效的自然保护。

7.关系协调

关系协调是指人与自然协调，城乡协调，资源利用和资源更新协调，环境胁迫和环境承载能力协调。

三、生态城市与环境设施设计

霍华德于19世纪末提出了“田园城市”的概念，强调人与自然的和谐。中国杰出科学家钱学森提出“山水城市”的构想，可以说是中国“生态城市”的模式，生态设计被引入城市设计。山岳、溪流、江河、湖海、沼泽、林地等地理因素都是难得的生态资源和景观资源，是一个城市发展的依托、居民与自然沟通的绝好之地，也是城市公共空间体系的重要部分，天造的公共空间艺术品。因此，公共空间的自然环境的利用越来越受到重视。对于放置在自然环境中的公共环境设施艺术作品的创作，在充分介入大众生活空间的同时，应考虑自然生态的地形、地貌、地物与作品的关联，以及作品与自然环境关系处理上的生态环境意识，从而使作品寓于自然之中。图6-10与图6-11所示的座椅采用金属构架，上面覆盖着人工制造的草坪，与周围的自然环境、生态环境十分和谐。

图6-10 荷兰Valkenberg公园的公共座椅

图6-11 上海张江高科技园区公园的座椅

由此可见，环境设施的设计定位应建立在作品与环境的依存、融合上。应通过实地的观测和考察，以自然元素的联想、材质的默契、造型的呼应、比例尺寸与节奏的把握等为基础，进行创作。例如：湖南长沙岳麓书院的公共环境设施设计，就巧妙地利用自然生态环境进行设计。岳麓书院是中国古老的书院之一，其园林建筑具有深刻的湖湘文化内涵，既不同于官府园林的隆重华丽的表现，也不同于私家园林喧闹的追求，而是反映出一种士文化的精神，具有典雅朴实的风格，小桥流水、绿荫隐蔽，幽静宜人。古人造园林，讲究天人合一，人造的园林要与自然融为一体，书院的园林更增加讲究寓教于游息之中。这种源于自然却又高于自然的气氛营造法，可以说是中国园林艺术的一大卓越成就。岳麓书院内的休憩亭、座椅、公共厕所等公共环境设施古色古香，体现着书院深厚的文化底蕴；垃圾桶被设计成天然的树桩形，标志醒目；景观雕塑雄伟壮观，色彩与环境和谐统一。这些设计既巧妙地利用了自然环境，又方便了游客，在利用自然环境的同时能保持自然环境的原始性和整体性，使游人寓身心于自然之中，可以说是对自然环境利用的典范。图 6-12 所示为岳麓书院吹香亭。

图 6-12　岳麓书院吹香亭

第四节　环境设施设计与自然生态的和谐之美

在当今城市建设中要着眼于以大环境设计观念为基础，树立和谐生态环境设计观。大环境设计观旨在打破传统专业边界，着眼于环境设计的整体性、系统性、综合性、开放性和动态性。就内容而言，大环境设计可包括自然系统、人类系统、社会系统、居住系统、支撑系统五大系统。它们都综合地存在，设计师、建筑师、规划师和一切参与环境建设的工作者都要自觉地选择若干系统进行交叉设计，这种整体设计是对未来大趋势的掌握与超前的想象。自然环境、社会和人的三位一体关系，是大环境观的具体体现。只有人与自然环境共生和谐，形成稳定的环境空间生态结构，才有可能合理科学地建立符合人类的生存质量和行为场所。我们需要充满生机与活力，在人、社会与自然三者之间构建起和谐共存的城市公共环境设施设计。

以和谐生态为设计理念的城市街道设施设计应顺应时代发展，运用其丰富的艺术语言和与多种边缘学科的交叉融合，创造人类和社会环境的生态和谐，这才是城市街道设施设计的社会功能和审美的价值取向。城市街道设施设计在参与社会环境改造时大有用武之地，在表现环境的内涵时，不论是客观环境的审美趋向还是恢复和创造环境的人文特征，都易找到恰当的切入点。它既代表了区域公众的生活方式和审美时尚的个人特征，也是地方政府和公众社会与艺术文化对话的重要平台。人类需要和谐美观的环境，正如城市街道设施设计创作的理想是通达环境生态与人性和谐的阶梯。

艺术中的和谐来源于自然界的和谐，“和”的基本含义是和谐，古人重视宇宙自然的和谐、人与自然的和谐，更注重人与人之间的和谐。“从人格和谐到人际和谐再到社会和谐，这是一个顺序建构的过程”。“和谐之美”不但是营造和谐社会状态的一种理想目标和指导原则，也是人类在进行造物活动中的一种目标和原则。和谐社会的建设就是社会的和谐建设，建设的过程和结果都需要尽力减小资源的熵化，满足人类生活的需要。和谐这一命题与设计艺术的研究目的是完全一致的。其实，设计师的工作一直就是从本学科的角度，为人类的合理生存提供切实可行的解决方案。现代中国致力于建设“和谐社会”，建立“爱心社会”，就是中国传统和谐观的体现。现代设计不是一种“精英设计”，而是一种“关爱设计”，即为残疾人、老人和儿童等弱势群体的设计。如果说“精英设计”体现的是设计的等级性，“关爱设计”则体现设计的和谐性，和谐美满则来自于人的内心，体现了人的社会性主体愿望。只有当老、幼、病、残等弱势群体都享受到关爱时，和谐社会才具有社会性的普遍含义。

城市形象理念的最高境界是在可持续城市发展战略下的以“人为中心”的理念，它是指在保护城市生态环境的前提下，促进城市发展，提高城市居民的生活质量，同时，也要充分满足人文方面的要求、历史文化的要求，体现地域文化特色，只有这样，才不会导致城市形象“千城一面”的现象。在全社会基于可持续发展原则的追求中，城市街道设施设计反映了人类生存的自身要求，目的在于最终实现人、社会与自然的和谐共处，实现理想化生活方式。因此，城市街道设施设计应从战略的角度来思考和分析，塑造一个全新的现代城市街道设施设计，实现城市社会、经济、生态、文化和谐统一的可持续发展。不管怎么说，都市空间环境既是人造环境，又是整个生态系统自然环境的一部分，因此，在都市环境的改善中，应遵循自然美的规律进行，放置其中的公共环境设施艺术品的创作也应该如此。

第七章

公共环境设施与城市的人文性

第一节　城市的人文特征

在城市的发展历程中，文化是最原始、最本土的，也是最富有特点的。一座城市的环境在漫长的历史发展过程中所形成的个性特点，是这座城市最具有美学价值的因素。城市是独特的历史现象，是历史积累的过程，有自己的发展史，有自己的传奇故事，这些是城市的文脉和灵魂。中国经历几千年的城市发展史，留下许多历史名城，这些城市因为文化背景或因为著名的历史事件，在发展过程中逐渐形成独特的个性。这些独特个性是城市的记忆痕迹，成为城市居民们引为自豪的物质和精神生活背景。例如，北京故宫（图 7-1）、南京中山陵（图 7-2）、西安古城墙（图 7-3）、西藏布达拉宫（图 7-4）等，这些城市"记忆"成为一种历史的象征，既是城市的财富，也是人类的财富，并构成城市的文化符号，这些城市的文化特征产生着无限的、与日俱增的价值和人文意义，也成为一个城市不可分割的一部分。

图 7-1　北京故宫

图 7-2　南京中山陵

图 7-3　西安古城墙

图 7-4　西藏布达拉宫

城市都存在着传统，既包括一般意义上的文化和习俗，也包括一些城市的精神文化，是城市赖以生存的精神支柱，在很大程度上成为城市市民的心理文化结构符号。一座城市所具有的文化特征，是这座城市被市民在情感上认同并引以为豪的重要原因。一个城市的历史遗迹具有许多文字难以表述的感染力和震撼力，生活其中的市民往往会把这种深沉的历史感受升华为对这个城市的热爱，在情感上对城市产生认同感和自豪感。同时，一些优秀的历史遗迹还可以教育和感召市民，促其提高文化品位、陶冶高尚的情操，这种特殊的功能完全来源于城市良好的人文环境。城市环境的美育功能在很大程度上也是通过城市的人文景观来实现的。城市不会只是自然生成，也不会脱离历史而发展，城市的环境设计应该去审视不同文化下的城市，了解城市的不同价值标准是如何影响城市的面貌的。一个城市因不同文化所形成的独特肌理也许让初次见到的人迷惑不解或感觉神秘，但一旦理解了城市的内在价值标准后，这些城市肌理就会变得具有意义。对城市本身来说，保留这些具有意义的肌理，是体现一个城市价值的重要方式。

第二节 城市形象定位

城市形象是指城市以其自然的地理环境、经济贸易水平、社会安全状况、建筑物的景观、商业、交通、教育等公共环境设施的完善程度、法律制度、政府治理模式、历史文化传统，以及市民的价值观念、生活质量和行为方式等要素作用于社会公众，并使社会公众形成对某城市认知的印象总和。城市形象涉及建筑、街道、风景名胜、文化教育、建筑艺术，以及市民的行为举止、衣装打扮等，应该包括城市信仰与城市基本理念系统、城市行为系统、城市视觉识别系统。

从理论上讲，学者蒲实对城市形象的定义比较专业和全面：城市形象是城市整体化的精神与风貌，是城市全方位、全局性的形象，包括城市的整体风格与面貌，城市居民的整体价值观、精神面貌、文化水平等。进行城市形象设计，可以将城市整体的精神与风貌等特质予以提炼、升华，塑造独特的城市文化形象，充分发挥城市功能，从根本上改变目前城市建设雷同化、一般化的倾向，推动城市全面发展，创建名牌城市。城市形象就是城市文化的充分展现，城市形象推广的过程就是城市文化的推广过程，广义的城市文化是一个城市物质文明和精神文明的总和。总地来说，城市形象由城市经济、城市人居环境和城市文化组成。

一、城市形象的特点

城市形象是能激发人们思想感情活动的城市形态和特征，是城市内部与外部公众对城市内在实力、外显活力和发展前景的具体感知、总体看法和综合评价。它涵盖物质文明、精神文明、政治文明 3 个领域，包括政治、经济、文化、生态，以及市容市貌、市民素质、社会秩序、历史文化等诸多方面。城市形象以客观城市为对象，以人们的主观印象为途径，呈现以下几个方面的特点。

（1）综合性：包含城市发展的各个领域，并构成相互作用、相互依赖的有机整体，是城市外形和内涵在公众头脑中结合成的感觉和记忆。

（2）差异性：每个城市都有自身的特征，自然条件、传统文化千差万别，经济实力、发展战略也各不相同，这些差异构成城市形象的基础。

（3）主观性：城市具体生动的客观形态，要通过激发人们的思想活动，产生记忆，留下印象，进而便于人们沟通交流，发展为城市文化的组成部分。城市形象既是自然特征和客观条件的演化，更要通过人们主观努力刻画塑造，又要通过人们的主观印象去反映和传播。

（4）标识性：城市形象的重要功能是为复杂的城市系统提供一种经过升华凝练的印象标志，使人们透过现象把握本质特征，把一个城市与其他城市区别开来。这种标志既鲜明、简单，易于识别，又内涵丰富，容易使人产生联想。

（5）公益性：城市形象是城市的公共财富，可刻画城市个性、弘扬城市精神、传播城市文化、陶冶市民情操，使人们对该城市产生深刻的认同感，增强情感联系，从而有利于城市实现经济、社会与文化的协调、可持续、健康发展。

二、城市形象的识别

按照城市理念、城市行为、城市视觉3个子系统的基本思维来理解和识别城市形象，对科学把握城市形象演变规律，认识城市形象与城市经济、社会发展的互动关系，不断提高城市发展的活力和魅力，具有较强的指导性和可操作性。

1.城市理念

城市理念指城市独特的价值观、发展目标、城市规划、文化内涵等，是城市的“大脑”和城市形象的核心。城市理念融合文化形象、城市定位、社会经济发展等内容，沟通、凝聚城市居民的思想认识，影响城市行为的价值取向，激发公众积极进取。城市理念的主要表现形式包括城市性质、城市文化、城市精神、发展战略和规划等。城市性质反映城市的历史方位和时代要求，构成城市理念的基本内容和出发点；城市发展战略具体表现为不同时期的发展方针和指导思想；城市文化指城市发展历史的延续、文脉的承接及市民的精神状态等。城市理念高度概括和升华而成城市精神。

2.城市行为

在城市理念识别基础上的行为表现和重要特征，是城市的“所作所为”，是对城市做了什么、正在做什么和将要做什么的基本印象，主要表现为城市内部的组织管理及活动。如围绕经济增长、社会发展、科技进步、政府政策、文化宣传、体育健身、环境保护等进行的活动，尤其是有利于突出城市形象的广告、宣传、博览、体育赛事等让市民甚至更大范围的人产生识别的活动。城市内部对群体、个体的组织管理、教育，以及改善投资软硬环境、生活环境，对环境所提供的优质服务活动等为对内行为识别；对外宣传、广告活动、招商活动、公益性活动、公关活动等面对城市外部的活动为对外行为识别。

3.城市视觉

城市的外在表现，是城市形象最直接、最有形的反映，城市的“体形、面孔和气质”，是一座城市看起来的不同之处。使人产生城市视觉效应的事物很多，包括市徽、市花、市旗、吉祥物、城市别称、公共指示系统、交通标志，以及富有特色的旅游点、建筑、绿地等。需要把城市理念、城市精神等通过标语、口号、图案、色彩等形式表现出来，使人们对城市产生系统化的良好印象。城市视觉识别的形成往往以城市的历史文化为背景，以城市的理念识别为基础，以城市的行为识别为依托，向公众直接、迅速地传达城市的特征信息，形成城市形象识别的底色。城市建筑是经济社会活动的结晶，是影响城市视觉识别的最基本要素。

三、城市形象的系统分析

一般而言，城市形象是城市（或特定的区域）给人的印象和感受。这似乎比较容易理解，但再作进一步的分析，就不是那么简单了。因为可构成人们对一个城市印象和感受的东西实在太多了。建筑物、道路、交通、店面、旅游景点、公共环境设施等，都是构成这种印象和感受的基本要素，而市民行为、公职作风、文化氛围、风土人情等，又都是形成富有特色的城市形象的最关键的内容，甚至一种方言、一份小吃、一套服饰，都可能构成相关城市形象的长久印记。从这个意义上说，城市形象确实是一个全新的概念，它所涉及的是与我们目前的城市规划、城市管理包括市容建设既相互联系又相对独立的一个全新的领域。另外，“形象”本身又是一个美学概念，“感受性”应该是一个很重要的标准。同时，由于城市形象是以城市或特定的区域为主体的，其感受性事实上并不像企业形象那样有明显的主客之分。城市形象的塑造者往往也是城市形象的感受者。下面基于这种理解，就城市形象做出几个感受系统的分析，以求为城市形象作一个较为全面、较为准确的理论定位和系统构架。

1.精神感受系统

精神感受系统是指城市的精神理念所产生的系统形象效应，它是一个特定城市的精神支柱，也是其立市和不断发展的信念所在。其内容可以是城市精神生活所提炼的理念信条，可以是城市发展哲学的高度概括，也可以是城市历史风云和发展传统所凝聚的民风和市民精神的写照。例如，延安的“延安精神”、深圳的“时间就是金钱”，都可以被看作这类感受的典型。

2.行为感受系统

城市两个文明建设的主体是市民，或者说是市民的行为。市民的行为是最重要也是最典型的市容市貌，也就是城市形象。行为的形象效应，既有个体的也有群体的，既有生活的也有职业的，既有百姓的也有官员的，举手投足之际，言谈话语之间，都是城市形象的一种反映。“一方水土一方人”，每一城市，每一区域，特定的行为效应总是会有所不同、有所区别的。否则，上海人所谓的“精”，北京人所谓的“侃”，广东人所谓的“灵”，又如何能大体为社会所普遍接受呢?

3.视觉感受系统

视觉感受是城市形象最直观的部分，一切视觉景观都可以是城市形象的直接体现，建筑物景观(图7-5)、道路交通景观、自然山水景观、历史人文景观等，都是城市形象的特色基础。就一个城市来说，要求每一种视觉景观都具有个性色彩，显然是不现实的。通常的情况是只要有一个或几个极富个性的视觉景观的存在，即能使人们强烈地感受到这一城市视觉形象的特有魅力。例如：上海外滩的建筑物群落，一直是上海最为重要的景观标志；北京的天安门广场，已成为北京乃至整个中国形象的视觉象征；延安的宝塔山，是一个时代的代表。

图7-5　贵州凯里壁画

一个城市的风土人情往往就是这个城市特定形象的风韵所在，也往往是其个性色彩最为浓烈的部分。其不仅包括这个城市的风俗习惯、文化传统、人文风采，而且也包括了名胜特产、人情往来、男女情怀、俚语方言等。“风情感受”的形象效应对主体而言是一种眷恋，对客体则是一种新奇、一种神秘。从这个角度说，“风情”可能是激发人们对特定城市的形象意识的最为敏感的部分。

4.消费感受系统

一个城市的消费感受同样是城市形象的专门印记。在城市生活中，消费感受的实质也就是城市所提供的生活和服务感受，所以对城市形象的影响极大。与其他感受相比，消费感受往往是最直接涉及感受者利益的，所以必然反映最强、感受最深。许多初出国门的人士，归来津津乐道的往往就是发达国家的服务规范和服务特色。需要说明的是，城市形象的消费感受系统实质上还是相当庞杂的，既有物质消费的部分，也有精神消费的部分。除了人们通常所意识到的商业服务以外，消费感受还涉及社会服务、政府服务、公益服务等方面，也包括城市生活和工作环境的设施和条件；包括博物馆、体育场馆、音乐厅、大戏院等文化消费设施；包括房地产、人居环境、休闲场所，甚至气候地理、空气质量等。示例如图7-6~图7-10所示。

图 7-6 澳门的街道

图 7-7 北京的街道

图 7-8 威尼斯的街道

图 7-9 巴黎的街道

图 7-10 桂林的阳朔西街

5.经济感受系统

现代社会是经济社会，城市必然是经济的中心，不涉及经济的城市肯定是不存在的，尤其是在市场经济的作用机制下，城市的经济状况、经济类型、经济特征等无一不是城市形象的最重要的象征和支柱。因此，城市形象的经济感受系统的构架，关键是要确立城市的经济发展战略，确立城市最为适应的经济运行的机制和模式，同时，还应该特别注重城市形象产业、城市形象企业和城市形象产品的开发和市场拓展。特别是城市形象产品的开发，更应尽早、尽快地列入政府决策的内容。现在许多城市虽然没有直接打出“城市形象产品”的牌子，但其实际的作用和功效已基本到位，如“青岛啤酒”“天津夏利”等，显然都为各自的城市形象增添了不可磨灭的光彩。

以上对城市形象的基本特征和要素作了一个概括性的描述。城市建设是一个复杂的系统工程，它始终要立足于为人们提供一个高效和舒适的工作和生活环境，而“高效”和“舒适”并不是孪生子，往往有着很大的矛盾。提出“城市形象”的概念并系统地分析和认识，不仅有助于对城市化建设的总体把握，也直接有利于城市形象构建过程的方案策划和具体项目的操作与实施。

四、城市形象的优化

1.重视形象设计

城市形象设计是对城市进行三维空间的合理谋划和安排，既包含物质空间的设计，也覆盖社会生活、物质文明方面的内容。它是以安排二维空间为主要目标的城市规划的延伸和提升。英国城市形象设计专家弗·吉伯特指出：城市由街道、交通和公共工程等设施，以及劳动、居住、休憩和集会等活动系统所组成，把这些内容按功能和美学原则组织在一起，就是城市形象设计的本质。把城市形象设计引入规划、建设、管理系统，城市形态、自然环境条件、建筑物、城市结点空间、街道、城市绿化等内容精雕细刻，能够直接改善城市的视觉印象。同时，应把城市形象设计延伸至城市产业、企业、产品、企业家发展及城市文明建设等各个领域，丰富城市形象内涵和社会带动效应。

2.优化发展战略

城市发展战略需要动态调整优化，确保城市发展方向科学明确，城市理念识别特征突出。发展战略是城市性质和职能的主要体现，显示城市在全国或地区政治、经济、文化、生活中的地位和作用，指明城市的个性、特点和发展方向，对城市未来发展做出全局谋划。自然条件、经济状况、政治文化、人口规模等环境条件的差异，决定不同城市、不同时期都要科学慎重地选择不同的发展战略。城市只有清醒认识自身地位，实事求是地提出具有本市特色的使命，形成城市理念，使之无时无处不在，指导、规范城市社会生活，才能从根本上增强自身的凝聚力。

3.放大自然优势

不同城市的自然禀赋会有很大的差异。对待自然资源与环境，如果给予重视并加以利用，城市会锦上添花；如果视而不见或开发不当，难免会造成遗憾。首先，应当更新观念，充分发掘与众不同的形象突破口，强化视觉识别的冲击力；同时，加大宣传和开放力度，变被动为主动，促进旅游、娱乐、餐饮、服务等行业率先发展，发挥出形象效应。人是城市存在和发展的核心，不能忽视人的身材、相貌尤其是精神面貌对城市视觉形象的影响和塑造。要善于创新，但必须处理好创新与守旧的辩证关系，特别是对历史遗留下来的古迹和遗产，应当反复强化，形成一系列视觉形象。不能一味追求现代时尚，盲目更新和模仿，从而舍本逐末，失去个性，分散了城市的视觉冲击力。

4.充实文化内涵

城市文化既大而无形，又有触及感；既独立存在，又与其他因素高度融合；既需要继承本色，更需要推陈出新。城市文化发展的目标是有内涵、有魅力、有吸引力，城市物质组成要素得到升华。城市形象建设根本上是城市文化的建设，如物质文化、制度文化、精神文化、行为文化等的建设。城市文化塑造可以凝聚公众注意力，提升市民文明层次，同时使外地公众增加对城市的兴趣和向往。目前，越来越多的城市举办各种形式的文化活动，如昆明世界园艺博览会、哈尔滨冰雕节、青岛啤酒节、大连服装节、潍坊风筝节、泰山登山节、孔子文化节等。它们展示了城市文化风格，丰富发展了文化传统，有效地增强了城市形象的影响和辐射作用。

5.追求协调美观

设计者应系统地规划、设计城市的道路、广场、水景、雕塑、路灯、栏杆、壁画、标志、路牌、门牌、户外广告等，协调彼此间的关系，不使它们机械重复、杂乱无章。道路在城市中起着举足轻重的作用，不仅要考虑其通达能力，还要从外观、色彩、环境、区位、网络、空间组合等角度考虑其美学功能，追求道路的横向美、路网美、线形美、交叉美、绿化美和服务设施美等。街头巷尾是最能显示城市脸面的地方，应作为改善城市视觉识别的重要内容。例如，随着生活节奏的加快，普通市民对轻松、休闲的公共场所的需求也在提高，建设几条步行街、露天吧、专业街等以缓解生活的紧张，既可体现城市的特色，又能创造城市以人为本的文化氛围和生活情调。

6.改进政府行为

政府形象建立在政府管理、政策实施、办事效率、公共服务等各个方面，由公务员日常业务工作所体现。良好的政府形象既是一种投资环境，又是一种经济资源，影响、推动城市政治、经济、文化事业的发展。改进政府行为的重点是：改革行政机构，形成高效适应市场经济体制运转的行政服务系统；加强公务员队伍建设，提高政治素质和业务素质；坚持科学民主决策，鼓励民众参政议政，实现决策的科学化和民主化；加快依法行政，创造公开、公平、竞争、有序的市场环境；权为民所用，利为民所谋，情为民所系，提高为人民服务的能力和效果。

第三节　公共环境设施与城市形象定位的关系

城市形象的塑造有两个层次，即共性的塑造和个性的塑造。共性指一个城市在形象方面与其他城市共享共有的本质，共性寓于个性之中，任何城市都是个性和共性的统一。在城市形象塑造方面，设计者既要追求共性，也要追求个性。近些年来，城市建设为了具备现代化城市的形象，在进行共性塑造方面做了许多工作，如大城市都十分强调在城市中建设现代化的大型体育馆、城市广场、星级宾馆、中心转盘、街道绿化带等。当然共性塑造是一个长期的系统工程，要具备一个现代化城市的特征，必须有一个全面的可持续发展的观念。城市形象在共性的同时，还要注重个性的塑造。城市形象的个性是一个城市在形象方面有别于其他城市的本质化特征，是城市自身多种特征在某一方面的聚焦和凸显。水城威尼斯、花都巴黎、音乐殿堂维也纳之所以在人们心中留下永不磨灭的印象，正是因为它们具有鲜明的个性特征。一个城市的个性特征既要依托城市的优势和长项，又要兼顾社会的总体需要和未来发展方向。

城市塑造与城市公共环境设施有着直接的关系。一个城市的公共环境设施作为交流与沟通的空间媒介，使任何进入城市的人都能通过分析它们的内容、信息含量来了解城市。一个城市的形象或丰富或贫乏，或真实或虚假，或开放或封闭，都会通过城市公共环境这个媒介展现出来，公共环境设施通过控制或加强人们与城市在这个媒介空间发生的对话与交流，以新的方式塑造着城市形象。因此，城市公共环境对城市形象的塑造有着特别的意义，它影响着整个城市的文化形象、经济活动。对一个城市来说，它不仅体现城市“肌体”生长的健康程度，也是城市“灵魂”的集中体现。示例如图 7-11~图7-14 所示。

图 7-11　大连星海广场雕塑

图 7-12　广州海心沙广场景观

图 7-13　广州花城广场指示牌

图 7-14　奥林匹克森林公园地铁站

现代城市形象设计中人文主义设计思潮的兴起，使人们在对城市空间的塑造中有了更多的细致化、理性化、人性化的探索，更多地考虑对人、对市民、对文化的一种无微不至的认同。城市公共环境设施是城市形体环境设计中的一种构思、一种方法、一种手段，它贯穿于城市规划中的各个编制阶段，在不同编制阶段中都有自己不同的任务和重点。同时，它还要把城市规划进一步具体化、细致化，不仅要考虑静态的建筑等物质，还要考虑动态的在环境中活动的人，要在设计中体现出对自然环境和历史文化环境的保护、利用和创新。所以，公共环境艺术的创造，有赖于规划、建筑、园林、美术、历史、文化界等各方面的共同努力。

随着中国城市建设逐渐步入理性阶段，人们不再以追求单纯的物质层面的完善为唯一目标，而更多地把注意力转移到城市文化环境上，公共环境艺术将成为城市形象建设的决定性因素之一，成为点化城市形象的魔杖。

第四节　城市形象定位影响下的城市环境设施设计

一、文化因素在城市公共环境设施设计中的价值

城市文化必须通过城市公共环境设施等物质载体呈现，城市公共环境设施应能反映城市的特色与风采，传递城市的文化艺术信息。现代城市公共环境设施不仅需要功能，更讲究感性文化，缺少感性文化是没有生气的。公共环境设施设计作为城市元素，也受这种规律的左右，公共环境设施设计与文化就具有不可避免的文化联系。所以，城市公共环境设施的设计

应以城市文化为导向，综合考虑造型、色彩、材料等要素，使城市公共环境设施与城市文化和谐统一，从而形成有鲜明特色的城市形象。城市文化是城市的名片和标志。

在人类的生产中，实际上很大一部分市政设施建设都不仅是简单的使用功能的满足，而是把这种活动自觉地当作文化行为。纵观历史，在很多公共环境设施的历史遗留物中，公共环境设施的功能仍然是个重要问题，但已经不是探讨的主要问题，我们看到更多的是文化价值。在欧洲著名城市，巴黎的雄狮凯旋门、旺道姆广场的方尖碑等在当初是纪念型雕塑，它们记录了城市历史文化，是凝聚城市精神的重要公共性设施。如今我们看待这些雕塑时，它们所衍生的文化更让人激动不已。而另一些具有实用功能的设施，如西班牙伟大的建筑师高蒂的古埃尔公园中的一段围墙被漂亮的马赛克装饰后，也能折射出西班牙人的文化追求，实际上，文化感也超过了围墙的围护功能。在西亚地区，阿拉伯人对水情有独钟，他们在五彩斑斓的花园里修建了很多水利设施，这些设施成为花园里最有活力的部分，水被看成庭园的生命，到最后水也成了阿拉伯园林文化的灵魂。阿拉伯人通过这些设施，找到了文化所在，这也充分说明了设计转化为文化这一规律。由此可见，公共环境设施不仅是建设活动，更重要的是文化生产的一片土壤。我们今天透过这些设施，会自然而然地进入那个特定时期的文化世界，分享文化给人带来的无限精神价值，会感叹这些人类所创造的伟大奇迹。

二、城市文化定位下的环境设施设计原则

1.结构性原则

结构性原则是现代系统论最重要的基本原则之一，在它看来，复杂系统的功能是否最优化，直接取决于系统的内部结构。也就是说，第一，系统是由相互联系的要素构成的，稳定的系统必须是多样要素的有机统一体。第二，组成复杂系统的各要素之间是有结构的，而不是随意排列、一盘散沙式的。第三，从任何一个维度审视功能优化的复杂系统，其结构都是有主次、有层级甚至适度套叠的。该原则具有普遍性，对一切复杂系统都成立。对城市公共环境设施设计，要做好城区公共环境设施规划设计研究，就必须将其纳入结构性原则。要对城区的公共环境设施进行结构性分析，使其从任何一个维度看，都必须具有主次，层级分明的结构，必须远离均匀一致的无序状态。

城市公共环境设施根据设施所在区域的功能结构分为点、线、面 3 个方面的设施。点即广场设施，线即街道设施，面即公园设施及大型城市综合体设施等。示例如图 7-15 与图 7-16 所示。

图 7-15 法国广场的设施

图 7-16 上海南京路步行街的设施

2.统一协调原则

公共环境设施是一个系统，不仅需要与周围环境协调一致，其自身亦应具有整体性。公共环境设施无论大小，彼此之间应相互作用、相互依赖。要将个性纳入共性的框架之中，体现出统一的特质。在对公共环境设施规划设计研究时，应特别注意遵守统一协调的原则，公共环境设施能否与周边环境保持统一协调，直接影响城市形象展示。对公共环境设施设计时，应从时间和空间两个方面考虑，以保证公共环境设施设计的统一和协调。从空间上，首先要考虑历史文化街区的设施及设计风格等方面应与所处的空间环境带给人们的历史空间感受相统一协调。从时间上，各种街道公共环境设施的设置最好是同时进行，形成一个统一的街道公共环境设施系列。

城市公共环境设施是构成城市环境的一部分，它不是孤立于环境而存在的，也不同于单纯的产品设计。它呈现给人的是它和特定环境相互渗透的印象，规划设计时要考虑其相融性，即充分考虑其所处的各方面环境因素并与之相协调，营造和谐统一的城市环境，体现出城市特有的人文精神与艺术内涵。示例如图 7-17 与图 7-18 所示。

图 7-17　四川美院车棚

3.文化传承原则

公共环境设施同建筑一样，总是从一个侧面反映时代物质生活和精神生活的特征，铭刻着当时的印记。设计是一个创新的过程，设计者通常会自主地运用当代的先进技术和手段进行创作，使作品具备时代感。同时，人类社会的发展不论是物质技术还是精神文化都具有历史的延续性，在某种程度上，追踪时代和追述历史本身也具有一定的共性。在设计时，设计者应该因地制宜地运用设计手法，在二者之间做出合理的选择或将二者和谐统一，创造出既有时代气息又有历史感的作品。例如：前门步行街的花坛、座椅和垃圾桶采用了鼓的传统造型元素，很好地体现了前门步行街的历史气息（图 7-18）。

图 7-18　前门步行街的公共环境设施

4.动态持续原则

城市街道存在着大量的不同时期、不同材质、色彩的公共环境设施。这些设施在规划设计时，因为有先后的时间顺序，有的考虑了与以前同类设施的统一协调，有的却反差很大。因此在对街道公共环境设施进行设计时应该考虑同类设施的外观、色彩、材质等的持续性，也就是应按照动态持续的原则进行设计研究。

5.经济环保原则

经济环保原则是城市街道公共环境设施设计研究中一个重要的原则。其中经济原则主要体现在如下 3 个方面：一是公共环境设施制作材料的经济性。就是说，对不同种类、不同风格的设施，在满足其功能的基础上，采用能达到经济最优化的材料。二是公共环境设施设置密度的经济性。就是说，对某种设施来说，有可能因为设置密度过大而导致浪费，也可能因为密度过小而导致使用功能的不满足。这就要求我们运用经济学原理，通过现场调查，对该种设施的设置密度进行深入研究。三是公共环境设施系统整合经济性。就是说，对那些有可能功能合并的设施序列进行整合研究，以在满足功能的同时达到经济的最优化处理。

三、传统文化与城市环境设施设计

城市公共环境设施的设计应该是传统与现代的巧妙结合。每个城市都有自己独特的传统和特色的文化，它是历史的积淀和人们创造的结晶。“城市公共环境设施”完全可以作为城市文化的一种载体，把富有特色的文化符号应用在设计中。当人们欣赏或使用富有民族和传统文化特色的公共环境设施时，一定会更加了解人们生活的城市，从而更加尊重它们，更加热爱它们。文化发展是人类世世代代在生活中总结、积累而产生的，在文化发展过程中，每一个历史阶段都有其自身的风貌、特征、层面、范围及局限。城市设施环境的建设不但要能提供人类生存发展的物质条件，还要使人在心理和精神上达到平衡与满足，其文化背景应是人类理想和精神在物质环境与自然环境中的具体体现，是精神的物质化。研究城市设施除了要考虑相关的社会经济因素，还要侧重于功能和美学，这其中包含历史与空间、文化和物质等多方面、多层次的内容。示例如图 7-19~ 图 7-21 所示。

图 7-19 竹简形式的公共座椅

图 7-20 “古董”垃圾箱

图 7-21 四川美院的陶罐

任何一个国家都有自己的文化和习俗，除了理解设施功能外，公共环境设施更重要的是对其传统文化意蕴和民族风情的解读。在我国幅员辽阔的土地上，不同的地域、不同的民族所带来的审美情趣、审美追求的差异使每个城市都有其丰富的文化特征，多重文化的交融、长久的积累和沉淀之下所形成的中国传统文化元素是东方文化的独特风景和宝贵财富，它题材广泛、内涵丰富、形式多样、流传久远，是其他艺术形式难以替代的，在世界艺术之林中，具有独特的文化魅力。中国几千年的传统文化为城市公共环境设施的设计留下了许多可利用的元素（如飞檐斗拱、水榭亭台的古代建筑风格，传统的镂空窗格设计，中国象形文字的美学价值，以及由此引发的对设计的种种遐想），如何将这些传统文化的精髓所在与现代设计方法相结合，是专业设计人员在设计城市公共环境设施时所应该考虑的问题之一。

第八章 公共环境设施与城市的地域性

第一节 城市地域的特征

"地域性"一词来源于"地域主义"（Regionalism）。建筑界最早提出"地域主义"，它指的是在特定地区条件下具有地域特征的建筑风格。1951年，刘易斯•芒福德用"湾区学派"概括旧金山海湾地区的建筑创作风格，将追求表达地域性特色的建筑风格与其他现代主义建筑风格区分开来，是"地域主义"的肇始。随后，学术界从地区性、地域性乃至地缘性，对建筑的地域性特征进行了深入的研究。地域性指某一地区由于其气候、自然环境，以及长期以来形成的历史、文化、风俗等原因而形成的特有的、不同于其他地域的特征。事实上，地域、民族、地方这些概念密不可分、相互渗透，只是某种属性更加明显罢了，这里所说的地域性特征就是平常所说的地方性特色。

特征是指事物所表现出的独特之处，而这些独特之处必须在人对事物的认知过程中得到体现。因此提及城市景观的特征，就必然离不开人对城市的认识。凯文•林奇在其著名论述《城市意象》中指出："人对城市意象的认知是通过5种元素即路径、边界、区域、结点和标志物实现的。这5种元素构成人对城市认知的基本框架，同时也是城市特色的载体。"

所谓地域文化，是指在一定地域内的文化现象及其空间组合特征。公共环境设施设计应体现地方特色或称地域性。地域性是一个地区区别于其他地区的标志性符号，也被称为文化的"地理特征"或"乡土特性"。

从文化角度看，城市中最重要的传统是它的地域性，不同历史时期、不同风格的街道、广场，是公共空间之间纵向的区别；不同地域、不同特征的街道、广场，是公共空间之间横向的区别。后一种区别使一个城市具有鲜明的、可视的地方个性。不同的城市、不同的空间，其城市公共环境设施又应该是什么样的呢？城市是我们的家，城市中的街道、广场等是我们交流的空间，城市中的公共环境设施就是我们家里放置的家具，什么样的主人就会有什么样的家和家具。城市公共环境设施的设计应该与它们所在的城市的性格和精神相符，如果有心创造城市的特色，就不会出现城市公共环境设施"千人一面"的局面，城市性格的多样性从逻辑上决定了城市公共环境设施是各具特色的。

从"人－机－环境"的整体系统观入手，按照从大到小、由远及近的原则，可以把影响城市公共环境设施设计的因素分为环境因素、人的因素、设施本身的因素，具体来说，就是自然环境、人文环境、地域文化、使用人群、使用功能、技术和材料等因素。其中，能使设施凸显地域特征的主要因素包括地域环境因素和地域文化因素。

一、地域环境因素

不同的自然环境使不同地区的人们形成不同的生活习惯、价值观、审美观、文化风俗等。毫无疑问，一个地区的自然环境是体现该地区地域性的最直观因素。气候、地形、纬度、城市环境等因素，都对该地的地域特征产生较大影响。当地居民的生活因为要适应自己所处的地域而改变着，逐渐又形成自己独特的地域性。这些原本是自然选择、社会不断发展的结果，一旦形成，一种观念、一种习惯，就会反过来影响社会和生活，并成为整个地区、整个社会的时尚。

1.地形地貌及气候

地形地貌直接影响土地的物理化学状况，而且大尺度地貌单元影响大气环流特征，形成独特的热量和水分条件，进而形成独特的气候。气候是生物生长的必要条件，决定着生物量的产出。对环境设施设计而言，这些自然环境因素和人为设施之间存在着千丝万缕的联系（图 8-1 与图 8-2）。不同地域之间气候的差异性，同样会影响环境设施的设计。

图 8-1 贵州兴义万峰林

图 8-2 贵州赤水某村落

2.自然资源

不同的地形地貌及气候条件使不同的地区具有不同的自然资源。自然资源是指作为生产原料和布局场所的天然存在的自然物，是自然界中一切能为人类利用的自然要素，包括矿物资源、土地资源、森林资源、水资源、海洋资源等。具有地域特色的自然资源的巧妙运用，能为产品设计和环境设施设计带来意想不到的效果。例如我国西南方地区竹资源丰富，种类丰富的竹制生产工具、厨房用具、家具、手工艺品等汇聚成朴实的竹文化（图 8-3~图 8-5）。

图 8-3 竹制品（一）

图 8-4 竹制品（二）

图 8-5 竹制品（三）

二、地域文化因素

社会环境的差异也是造成地域特性的原因。这里所说的社会环境，包括文化环境、语言环境、宗教环境等很多方面。广义的文化是指人们在生产和生活中创造出来的物质财富与精神财富的总和，是人类区别于动物的根本标志。文化有很强的民族性和发展性，任何民族都有自己的文化，它们的地域性决定了文化的差异性。文化是人类文明的沉淀，是劳动人民集体智慧的结晶，是一种共性的东西。当文化联系不同环境、不同地域的时候，由于经过各自的历史沉淀，它们形成各具特色的文化环境即地域文化。文化中的历史因素也会很好地体现一个地区的地域性。在一个地区，每个历史时期都会在这个地区中留下印记，这些印记又共同构成现实中的城市物质环境和文化环境。这些历史物质环境包括这个地区中的历史建筑物、传统生活区和古老道路等。正是这些作为地区历史载体的存在，使地区特征得以表现。

1.建筑风格

建筑是城市中最具文化内涵的场所。无论反映的是城市历史、社会变迁、风格形式还是空间使用，建筑总是最直接地告诉我们其所在城市的文化特征及后续发展。作为城市建筑的一部分，社区建筑虽然不需要像公共建筑那样突显城市的政治特征，却是城市中普通市民的大众文化的载体。因此可以说，社区建筑的形式是自然的、生活化的，也是更能体现地域文化的。在建设中，人们总是先建房后安排设施，为了不破坏这些个性的特征，街区中的设施在造型上就不应该随心所欲，而必须考虑地区的整体建筑风格，从街道两旁的建筑风格、轮廓线、优美的道路线形、节点性建筑物上的地域风格特征中找出那些形态、色彩、文化等隐含着的因素，运用到设施的设计中去，从而使设施能更好地融入环境。由此看来，建筑形式对设施的影响是很大的。黔东南自治州首府凯里的民族建筑颇具特征，有金字塔式苗族吊脚楼、布依族石头屋、侗族鼓楼和风雨桥等，其中黎平县肇兴纪堂鼓楼、从江县增冲鼓楼等清代中叶侗族建筑物，至今仍保存原貌。如图 8-6 所示，凯里的公交候车亭的造型借鉴当地的民族建筑形式而设计，很好地与当地的建筑融合，颇具特色。

图 8-6　凯里的公交候车亭

图 8-6 凯里的公交候车亭（续）

2.人文景观

现代公共环境设施是城市景观环境中十分重要的“元素”，参与城市景观构成，使之成为室外空间环境中具有公共性和交流性的产物。正如人们所看到的，在一些比较重视景观环境的地区，城市设施和社区设施通常是与景观相结合的，它们是景观规划中的一部分，明确了室外空间环境的功能特征，确定了室外空间的秩序，丰富了城市景观环境的内涵，因此从某种意义上说，环境设施就是一种硬质的景观。与环境结合的公共环境设施在社区室外空间环境中发挥着重要的作用，环境设施与社区景观的关系是互动的、相辅相成和相得益彰的。

3.生活方式

根据社会学的理论，生活方式是指与一定的社会生活条件相适应的人们生活活动的典型途径及其特征的总和。东方与西方、城市与农村的生活方式存在着很大的差距。即使同是城市，不同地域的城市在生活方式上也会有一些差异。不同的生活方式体现不同地域的文化，表现为人们不同的生活习惯。作为为人们社会生活服务的城市设施，自然就会受这些不同生活方式的影响。

4.形态和色彩

同一般的产品一样，环境设施也是以一定的形态呈现在消费者面前的。在这里，“形”主要是指物体的形象、形体、形状、样式及造型等，“形态”主要是指形状和神态等。生活中经常有这样的现象，人们往往能从物品的造型、装饰、色彩等判断出它的出产国家或地区，例如，一看见紫砂壶就会联想到宜兴，一看见瓷器就会联想到景德镇，一看见唐三彩马就联想到河南洛阳，这就是产品中蕴含的地域文化因素所起到的作用。

作为产品形态很重要一部分的色彩，在人们生活中是不可缺少的视觉感受。色彩具有一定的功能与特征。不同国家和地区对色彩的取向是不同的。由于社会政治状况、风俗习惯、宗教信仰、文化教育等因素的不同，以及自然环境的影响，各个国家、民族、地区的人对各种色彩的取舍会有所不同。例如，拉美各国人一般喜欢纯色，黑色或黄色是他们最喜爱的。因此，环境设施的色彩设计，不能脱离客观现实，不能脱离地域和环境的要求，要研究色彩的适应性，要充分尊重不同地区人们对色彩的喜好特征，要投其所好，避其所忌，这样才能使设施和环境融为一体。由此看来，相对自然环境而言，地域文化对城市人居环境、对环境公共环境设施产生的影响要深远得多，重要得多。这正是设计师在进行公共环境设施设计时应着重思考的地方，也是设计成败的关键所在。

综上所述，地域性是城市文化的基本属性之一，城市文化生长于不同的地域环境中。地域性是人们根据地域特征，将影响城市文化发展的最具活力的要素进行最佳组合的结果，是人们深思熟虑的愿望和意图的体现。着眼于地域特色，创造城市文化，是对城市文化高层次的追求，也是在全球化的背景下，面对压倒一切趋同性的压力，城市个性的觉醒。地域性聚集了自然的、社会的、历史的独特因素，会产生让其他地区无法模拟的优势。那些看似平常的、隐藏在我们生活背后的深沉的文化背景和文化底蕴，不仅有着比艺术作品本身更深的内涵、更深刻的感情，而且能更全面地反映城市文化的精神内核，也能够更好地解释这个地区人们生活的诸多意义。

第二节　公共环境设施地域性设计的原则

一、符合城市、地区文化发展的原则

城市公共环境设施地域性设计，在本质上属于一种文化行为，是人类对社会生活的观念、改造自然和社会的构思，以及运用现代科学技术成果的一种创造活动，是人类科学和文化水平的集中反映。人类在不断建设适应自身生活环境的同时，社会文化价值观也随之更新和变化，多元文化的整合也是以新陈代谢、吐故纳新的方式发展演变，可以说这是历史发展的必然。在历史发展的长河中，环境设施设计既要尊重传统、延续历史、传承文脉，也要注重展现当下的时代特征。只有这样，才能实现真正意义上的继承与创新。

二、材质因地制宜的原则

由于受地理、自然环境的限制，城市中的植物和气候特征都具有本区域的特征。不同地域材料的选择存在着很大差异，如多雨地区在涂料，在抗腐蚀等要素上需要深入考虑。一般而言，材质的选择宜以城市特有的代表性材料为主，加强地域性因素的凝结与重构。材料的选择要多利用当地的地理环境和地方性材料，突出本地的地域特征。地方性材料通常是指竹、木、土、石等自然材料。要恰到好处地运用这些材料，使环境设施有机地融入当地的自然环境中，充分和本地环境相融。例如，青岛新市区广场的景观和地面材料，大都是从该地的海底采集加工的材料，因而当地的地域性特点更加浓郁。

三、整体原则

哲学上的部分与整体的关系同样适用于设计，在整体中把握局部，在局部变化中体现整体，是现代设计发展中不变的规律。因此，可以说，部分的设计价值是整体设计价值的局部，它依附于整体而存在，构成了系统设计。

城市公共环境设施设计中，其地域性包含3层含义：首先，在单个环境设施的整体中，有不同的设计手法和注意事项，每个组成部分应该有各自的特点和个性。其次，我们把多种环境设施作为一个单元来对待的时候，整体性原则发挥着协调效应。由于每件设施的表现手法、用料取材、加工工艺等方面的不同，每件设施都具备一定的特征和使用功能，处理局部与整体、整体与局部之间的关系就更加重要。最后，当环境设施处于城市这个大使用环境中时，与特定环境的协调就是整体性原则的重要内容。即使一件或者多件不同类别的设施共同作用于一个区域，它的放置与特定的区域环境无法很好融合时，我们仍然不认为它是完美的设计。换句话说，游离于特定区域之外的设计，就失去了作为城市公共环境设施的意义。

第三节　公共环境设施地域性设计的方法

一、城市文化形象引入法

形象是事物给人造成的最直观的视觉效果。所谓城市文化形象引入法，是指在设计中把城市特色因素加入城市环境设施设计中。以把环境设施设计与城市整体形象结合起来，以更利于展现城市风貌。可以把能代表城市地域文化

的形象符号用现代设计的方式进行提炼和重构，然后引入城市环境设施设计中，这样既增强环境设施与环境的整体性和环境特色，又使人们以现代人的视野回望过去，加深对本地文化的认同感。示例如图 8-7~图 8-11 所示。

图 8-7　前门的正阳门牌楼

图 8-8　前门大街的拨浪鼓路灯

图 8-9　前门大街的垃圾桶

图 8-10　前门大街的鸟笼灯

图 8-11　前门的雨水箅子

二、主题形象融合法

形象是事物给人造成的最直观的视觉效果。形象融合包括形体符号、色彩、质感等与整体环境的有机融合。

（1）形体符号。在创作中运用与环境相关联的符号、语言或具有象征意义的造型，可以使环境设施形体在更深层次上与环境相融合，有利于使用者产生与环境密切相关的联想或想象。形体符号的选取，应同时考虑环境中的自然因素与人文因素的影响：自然因素相对突出的环境，形体符号应力求与自然取得呼应；人文环境相对突出的公共环境，传统建筑特色显著的情况下应将传统建筑中具有代表性或具有明晰、稳定意义的符号进行提炼化或重构，运用到创作中，增强设施与环境的整体连续性。

（2）色彩。色彩具有一定的功能与表征。

所谓色彩的功能，是人们赋予色彩的一种表征能力，也就是色彩的感情象征，是色彩对人的眼睛及心理产生的作用，它包括色彩的色相、纯度和它们之间的对比等视觉的刺激作用，以及在人们心中的各种印象和触发起来的情感。

（3）质感。可以用地方的天然木材或人工仿天然材料与当地的地质、地貌求得质感上的统一。另外，材料质感的选择也可以与周围环境相呼应。

三、实地调查分析法

实地调查分析法即依据城市公共环境设施的实地调查情况进行针对性设计。在调查研究的基础上，具体分析设施的使用环境和使用人群，参照城市的规划设计和形象定位，在设计中把环境设施的外观形态、色彩、材料、设置等与使用环境相协调。例如，我们对滨江道小白楼商业街公共环境设施进行了实地调查分析。滨江道商业街是天津市最繁华的商业街之一，自海河边的张自忠路起，向西南方向延伸到南京路上，全长2094m。20世纪20年代末，随着劝业场一带商业的兴起，中外商贾纷纷云集于这条街，服装绸缎、金银首饰、钟表眼镜、照相洗染、旅馆、饭店、影院、剧场、舞厅等商业、服务、娱乐店堂、场馆相继落成开业，这条街逐渐呈现繁华景象。这条街不仅有劝业场、中原公司、稻香村食品店、亨得利钟表店、光明影院等老字号，还有新建的商场（滨江商厦、吉利大厦、米莱欧、国际商场等）和商店。因此，环境设施功能的现代化和多样化是其存在的必备条件，要想使公共环境设施实现其功能的现代化和外观形象的地域性，就要实地调查和协调处理。示例如图8-12~图8-15所示。

图8-12　滨江道的简易食物亭（一）

图8-13　滨江道的简易食物亭（二）

图8-14　滨江道的招牌（三）

图8-15　滨江道的招牌（四）

四、科技融入集成法

随着电子信息时代的来临，人们对环境设施的功能提出更高的要求，生产技术的飞速发展也使产品功能的叠加成为可能，原本功能单一的多种设施被集中到一个多功能产品上已是非常普遍的现象。不同的使用功能使设施具有不同的特点，在这个意义上讲，这些特点是稳定的、不可变的，但技术的革新与新材料开发能使设施的特点呈现出持续的、新的变化。科技集成法主要包括两个方面：首先，技术使多功能的产品形式得以实现。技术的不断更新与发展是产品发展的源动力，技术的进步使功能的叠加成为可能。随着电子化时代的来临，原本功能单一的多种设施已经被集合到一个多功能产品上，不仅增加了使用功能，更方便了居民生活，而且呈现出电子化、个性化的时代特征。其次，技术为环境设施的选材提供可变的空间。现代科学技术的进步，为设计师提供了广阔的空间。传统设计中用水泥和涂料模拟树木的质感，现代技术与加工工艺的提高，允许人们把更多耐水、防腐材料运用于设计中。因此，以技术手段来实现环境设施的现代化是设计的一个可行的发展方向。示例如图 8-16 所示。

图 8-16　米兰世博会中国馆

五、元素组合法

顾名思义，元素组合法就是把具有代表性的设计元素经提炼后运用于设计之中，填充设计的内涵，使环境设施从外观上具有地域性色彩。图 8-17 与图 8-18 所示的垃圾箱运用中国古代花瓶的外形和文饰，从外观上呈现出一种中国传统文化的气息，符合中国古典园林的文化氛围。可以把设计简化为元素的组合，但决不等同于元素的组合。在简化设计的过程中，同样需要在整体进行把握。在使用功能大于其他功能的环境设施设计中，要偏重使用性设计因素的考虑，根据不同的情况具体分析，合理地组合使用各种元素，使设计更具有实用意义。

图 8-17　古典园林中的垃圾箱（一）

图 8-18　古典园林中的垃圾箱（二）

第四节　地域性文化符号的设计应用

符号既是人的内在的文化能力的表示，又是可感世界的一部分。不同的地域性文化不仅是人们生活在特定的地理环境和历史条件下，世代耕耘、创造、演变的结果，也是人们为了展示自己的本性，为了使人类经验能够被认识和理解而建造的符号世界。

以天津为例，第二次鸦片战争后，天津被辟为通商口岸。从1860年到1902年，先后有英、法、美、德、日、俄、意、奥、比9个国家在天津设立租界。租界内，各国纷纷建起了具有本国特色的住宅。租界地的建立使诸多西方先进的文化理念和城市建设理念被引入近代天津的地域文化特征中。在这种独特的历史背景之下，天津形成了中西建筑并存、西洋式与东洋式并存、单体建筑的中西合璧大量产生等一系列所谓“津派”风格的独特建筑群。南北风情与中西文化兼容并蓄，糅合了古今中外之所长的优秀建筑范例使设计者不但有参照物，更有了朝这个方向努力的信心。因此，更多的创新性现代主义风格的建筑不断地登上历史舞台，不断丰富了天津多元化的建筑风格，并形成自己独特的艺术风格，在生活中又以各自不同的符号形式诠释着本地区的精神内涵，形成一种地域文化特有的淳美和意蕴。

一、形态的提取

“形态”主要是指物体的形状和神态等，它是艺术设计的主要特征。与产品一样，由于受环境的制约和影响，环境设施也是以一定的形态服务于消费者。

天津市著名的古文化街位于老城东北角，是天津的发祥地，于1986年元旦建成开业。全街长580m，整体建筑为仿清民间式建筑风格，天后宫（妈祖庙）位于全街的中心。古文化街的建筑总面积有2.2万m^2，古建筑高低错落、蜿蜒曲折，一阁一檐皆有讲究。所有名堂，一律青墙红柱、磨砖对缝，配上不同形式的隔扇门窗、栏杆、屋顶翼角，显得隽秀、古朴、典雅，加之匾额、楹联、宫灯、旗幡、精美的木雕及1500多幅艳丽的油漆绘画，更增添了这条街的古典文化气息。除建筑外，天津的杨柳青年画、彩塑泥人张等艺术种类繁多且极具特色，也可作为环境设施形态设计的素材。如在其传统样式、地方风格、材料特征、色彩等物质“原形”中抽取出诸如形态、色彩、文化等隐含的艺术符号，同时用新材料、新技术、新的方式诠释新的艺术风格，不仅能使古文化街的环境设施成为传递地域特征意象的载体，而且能使地域、民族文化得以发扬光大。如图8-19与图8-20所示，古文化街路灯的设计造型结合了古典元素与现代元素，能较好地融入古巷文化氛围里，同时路灯上的广告条幅的色彩和文案也很好衬托了路灯，使它更好地融入环境中。

图8-19　古文化街的路灯（一）

图 8-20 古文化街的路灯（二）

二、色彩的沿用

由于人们对色彩的喜爱与心理感受相关联，所以人们赋予色彩一定功能的表征能力，即色彩对人的眼睛及心理产生的作用。古文化街的宫殿庙宇采用金黄色琉璃瓦顶，朱红色屋身，檐下阴影里用蓝绿色略加点缀，再衬以白色石台基，轮廓鲜明、富丽堂皇。街道整体采用清代民间建筑的风格，用青灰色的砖墙瓦顶或用粉墙瓦檐，木柱，梁枋门窗等多用黑色、褐色或本色木面。彩绘作为建筑装饰中的重要部分，做在檐下及室内的梁枋、斗拱、天花及柱头上，构图密切结合。构件本身的形式、色彩丰富。针对天津古文化街环境设施的色彩设计，在吸收和借鉴天津民间艺术色彩造型的同时，既服从古文化街整体环境色调的统一，又积极发挥设施自身色彩的对比效应，做到统一而不单调，对比而不杂乱，使环境设施和古文化街的环境融为一体。如图 8-21 所示，简易食物亭在造型设计上符合简易的形式，色彩和文案都来自中国古典和传统元素。如图 8-22 所示，垃圾箱的造型采用传统的编制工艺，藤条的原始色彩与古文化街的古朴色系十分吻合。

图 8-21 古文化街的简易食物亭

图 8-22 古文化街的垃圾箱

三、神韵的把握

神韵是艺术中所蕴含的气韵和精神的传达，它包括感觉、知觉、表象、记忆、想象、理解等许多回合的心理过程，是对艺术设计发展境界的最高要求。利用符号语言来建构环境设施的形态系统是艺术设计的显著特征。根据天津地域文化符号的显著特征，天津古文化街的环境设施的地域性设计在内涵表现上，应当体现出城市居民对本地历史文化的集体记忆，象征着城市的形态和意象，延续着城市的历史和文化，代表着城市人民的光荣和梦想，蕴含着城市的精神和归属的物质实体；在艺术形式的表现上，要引入现代艺术设计理念，营造艺术氛围，增强人与人之间的艺术交流，从而达到充实天津城市环境的文化内涵，提升市民环境品质和生活品位的目的。示例如图 8-23 与图 8-24 所示。

图 8-23　古文化街的招牌

图 8-24　古文化街的街灯

第五节　地域性与时代性的整合

城市公共环境设施作为城市景观的一部分，理应立足于辅助和创建区域文化环境特色，唤起市民对地域、公共精神的认可，发挥其独特的艺术感染力。但是，对环境设施地域性的表现，决不能片面地抄袭某种传统民族建筑或物件。随着时代发展和人对自然认识的深入，公共环境设施设计正在向网络化、多功能化、立体化等方面发展，而现代技术与加工工艺的不断提高，也为实现环境设施的功能、技术、造型、材料等方面创造了有利的条件。因此，我们要结合时代的发展，按照城市整体规划设计方案，研究地域文化的实质，通过以下几个方面的整合，突出环境设施与城市环境的协调美观、与时俱进的特点。

一、个体形象与整体环境规划的整合

环境设施个体形象与整体环境规划的整合主要表现在 3 个方面：首先是环境设施个体形象的多样性和城市环境统一性的整合。例如在城市总体规划中确定出街道格局，了解街道的使用人群，明确各条街道在城市景观中的地位

和作用，确定该区域环境设施的尺度、形式、体量、组合、材料、色调等，在设计中表现出对以上城市历史文化的理解和表达。其次是环境设施个体形象的主题化和城市环境形象个性化的整合。在城市道路和节点空间中，环境设施要围绕一定的主题来进行设计，可借助当地的人文、自然景观等方面的特色来展开，同时在细节的表现上要各具特点，除实现其功能的综合化和模块化外，还要保证它有维护和突出城市环境形象的个性、提高人群使用效率、利于观瞻的作用。最后是环境设施色彩与建筑环境色彩的整合。城市色彩体现着城市的个性，展示着城市形象，体现着城市文明发展程度。可根据城市的自然条件和商业区建筑群的主体色调，确定商业区内街道建筑的外立面、地面铺装等各种环境设施元素的辅助色调，尽量减少建筑和环境设施色调之间的外向影响及相互干扰，这样既突出环境设施个体形象和商业区整体环境的特性，又保证环境设施与整体环境的丰富多彩和协调统一。

二、感性功能效应与审美体验特殊性的整合

环境设施的感性功能效应一般是指在设计时要注重大众的美感体验，充分满足现代城市人群聚居的生活方式，并创造这种发展需求的可能性。感性功能在很大程度上包括心理学、社会学及美学观点。由于民族、地位、文化程度、职业、兴趣爱好的不同，人们对需求的选择也有所不同。因此，对环境设施感性功能和多民族文化审美特殊性的整合也是现代城市景观设计对人文因素关怀的体现。例如，从泥人张的泥人、杨柳青的年画、妈祖文化等提取元素。以上通过对人们日常生活中喜闻乐见的构成元素在环境设施中的引入，可以唤起大众对城市历史的回忆和产生地域文化认同感，使人们在充满着美感的商业区中既能体会观光、购物的愉快，又能使人们在尊重自然和历史文化的氛围中学会生存和互相尊重，这也是现代商业区发展的终极目标。示例如图 8-25 ~图 8-28 所示。

图 8-25　古文化街的泥人张店铺

图 8-26　古文化街的杨柳青年画店

图 8-27　古文化街街景

图 8-28　古文化街的果仁张店铺

三、历史文脉的继承和可持续发展观念的整合

人类在不断建设并适应自身生活环境的同时，构成了与传统文化迥然不同的社会文化形态。每个城市在其历史发展过程中，历史、文化、宗教、民俗等都通过独特的城市景观而变成人们头脑中的记忆，成为可看、可摸、可回味的符号。这种符号与隐藏在全体市民中的、驾驭具体行为并产生地域文化认同的社会价值观相吻合，是市民在城市历史发展中创造的物质财富和精神财富的综合，也是城市物质文明与精神文明的物化。但是，随着现代科技的发展，一部分具有较高历史文化价值，延续、融合人类文化情感和创造智慧的景观在城市的更新交替中面临着巨大的威胁。

“可持续发展就其城市设计而言，其主旨为局部和短期的经济利益而付出整体的和长期的环境代价，坚持自然资源和生态环境、经济和社会的发展 3 个方面的统一。”善待自然与环境，减少对生态环境的破坏和干扰，实现景观资源的可持续利用，在城市环境设施设计中创造适合城市特点的可持续发展的绿色生态观，不仅是建立在对自身文化价值的肯定与认识上，也是对城市地域文化的继承和发展。城市公共环境设施的地域性设计既要尊重优秀传统、延续历史文脉，又要放眼于新时代背景下产品设计未来发展的新特点，分阶段进行，使公众产生地域文化的认同感和社会的责任感，实现环境设施历史文脉的继承与可持续发展观念的整合。

参考文献

[1] 钟蕾 . 天津市新型公交车站设施系统设计尝试 [J]. 装饰，2006（9）.

[2] 钟蕾，苗延荣，董雅 . 天津市公交站牌、候车亭信息布局与设计可行性分析研究 [J]. 艺术与设计，2006（7）.

[3] 张海林，董雅 . 城市空间元素——公共环境设施设计 [M]. 北京：中国建筑工业出版社，2007.

[4] 钟蕾 . 立体造型表达 [M]. 北京：中国建筑工业出版社，2010.

[5] 罗京艳，钟蕾 . 天津市公共设施的无障碍设计分析 [J]. 教育教学探讨，2008（6）.

[6] 李杨，钟蕾 . 天津地域性特征对城市街道设施设计影响分析 [J]. 天津师范大学学报，2008（8）.

[7] 张妍，钟蕾 . 关于滨海新区环境设施设计中意境美的构成研究 [J]. 艺术与设计，2011（1）.

[8] 梁梅 . 中国当代城市环境设计的美学分析与批判 [M]. 北京：中国建筑工业出版社，2008.

[9] 安秀 . 公共设施与环境艺术设计 [M]. 北京：中国建筑工业出版社，2007.

[10] 冯信群 . 公共环境设施设计 [M]. 上海：东华大学出版社，2006.

[11] 杨子葆 . 街道家具与城市美学 [M]. 台北：艺术家出版社，2005.

[12] 汤重熹，熊应军 . 城市公共环境设计 2——公共卫生与休息服务设施 [M]. 乌鲁木齐：新疆科学技术出版社，2004.

[13] 张鸿雁 . 城市形象与城市文化资本论 [M]. 南京：东南大学出版社，2002.

[14] 扬 • 盖尔 . 交往与空间 [M]. 何人可，译 . 北京：中国建筑工业出版社，2002.

[15] 陈堂启 . 城市公共设施人文化设计的文化发掘和设计 [D]. 天津：天津科技大学，2009.

[16] 杨叶红 . “城市家具”——城市公共设施设计研究 [D]. 成都：西南交通大学，2007.

[17] 张晓燕 . 现代城市公共设施中的人性化设计研究 [D]. 济南：山东轻工业学院，2009.

[18] 李哲 . 生态城市美学的理论建构与应用性前景研究 [D]. 天津：天津大学，2005.

[19] 苗鹏云 . 城市广场及街道中环境设施的艺术造型设计研究 [D]. 西安：西安建筑科技大学，2007.